Web 开发经典丛书

Vue.js 开发实战

[美] 埃里克·汉切特(Erik Hanchett)
本·利斯顿(Benjamin Listwon)　著

任　强　邓龚达　　　　译

清华大学出版社

北　京

Erik Hanchett, Benjamin Listwon

Vue.js in Action

EISBN: 978-1-61729-462-4

Original English language edition published by Manning Publications, USA (c) 2018 by Manning Publications. Simplified Chinese-language edition copyright (c) 2019 by Tsinghua University Press Limited. All rights reserved.

北京市版权局著作权合同登记号　图字：01-2018-1493

图书在版编目(CIP)数据

Vue.js 开发实战 / (美)埃里克·汉切特(Erik Hanchett)，(美)本·利斯顿(Benjamin Listwon) 著；任强，邓龚达 译. —北京：清华大学出版社，2019（2020.5重印）

(Web 开发经典丛书)

书名原文：Vue.js in Action

ISBN 978-7-302-53607-9

Ⅰ. ①V… Ⅱ. ①埃… ②本… ③任… ④邓… Ⅲ. ①网页制作工具－程序设计
Ⅳ. ①TP393.092.2

中国版本图书馆 CIP 数据核字(2019)第 174350 号

责任编辑：王　军
封面设计：孔祥峰
版式设计：思创景点
责任校对：牛艳敏
责任印制：杨　艳

出版发行：清华大学出版社
　　　　网　　　址：http://www.tup.com.cn, http://www.wqbook.com
　　　　地　　　址：北京清华大学学研大厦 A 座　　　邮　　编：100084
　　　　社 总 机：010-62770175　　　　　　　　　邮　　购：010-62786544
　　　　投稿与读者服务：010-62776969, c-service@tup.tsinghua.edu.cn
　　　　质 量 反 馈：010-62772015, zhiliang@tup.tsinghua.edu.cn

印 装 者：涿州市京南印刷厂
经　　销：全国新华书店
开　　本：170mm×240mm　　　印　　张：18　　　字　　数：384 千字
版　　次：2019 年 9 月第 1 版　　　印　　次：2020 年 5 月第 2 次印刷
定　　价：79.80 元

产品编号：082441-01

译 者 序

随着互联网的蓬勃发展，前端技术也百花齐放，出现了许多优秀的、应用广泛的前端框架。选择哪个前端框架，是入门者到专家所有层次开发人员都需要思考的问题。本书虽然并不对众多前端框架做比较，也不帮你做决策；但如果你想初探甚至深入学习 Vue.js，本书会提供你需要的所有帮助。本书不仅深入浅出地讲解 Vue.js 的相关概念和技术，还准备了一系列小而全的示例来帮助你融会贯通。

非常荣幸清华大学出版社能给我翻译本书的机会，李阳编辑是指引我进入翻译领域的老师。编辑老师们一如既往、不厌其烦地帮助并指导我们，他们为本书的翻译付出了很多心血，没有他们，本书不可能顺利付梓。感谢同事邓龚达欣然接受我的邀请，与我合作翻译本书，没有他，我无法在这么短时间内完成本书的翻译。另外感谢我的同事叶盛飞和周骅，他们校对了部分重要章节，并给予我许多宝贵的指导建议。

最后，希望你能通过阅读本书提升 Vue.js 技能，创建出更多丰富多彩的应用程序。

任 强

2019 年 3 月 31 日

序　言

　　前端 Web 开发已经变得异常复杂。如果你从未使用过现代的 JavaScript 框架，构建你的第一个只显示"Hello"的应用程序可能需要一个星期！这听起来可能很荒谬，我也认为如此。问题是，大多数框架都假定你已对终端、JavaScript 高级技术以及诸如 Node 包管理器(Node Package Manager，NPM)、Babel、Webpack 等工具有一定的了解，甚至知道更多。

　　令人振奋的是，Vue 并没有这样的束缚。我们称之为"渐进式"JavaScript 框架，因为它既可以向下扩展，也可以向上扩展。如果你的应用程序很简单，你可以像使用 jQuery 那样使用 Vue：通过放入一个<script>标签。但是，随着技能的提升和需求的增多，Vue 也会随着你的成长而变得更加强大和高效。

　　Vue 不仅是由计算机科学家建立的，而且是由设计师、教育工作者和更多以人为中心的行业的其他人建立的。因此，我们的文档、指南和开发工具都是世界一流的。Vue 的使用经验与其性能、可靠性和多用途对我们同样重要。

　　Erik 把以人为本的精神注入本书。首先，本书非常直观。许多详细的插图和带注释的屏幕截图在真实开发人员的工作流程中牢固地奠定了示例的基础。因此，实际上你可以学习如何使用浏览器和 Vue 的开发工具来确认正在学习的内容，更重要的是，在出现问题时进行故障排除。

　　对于那些在前端开发、JavaScript 甚至编程方面没有很强背景的人，Erik 还仔细解释了理解 Vue 在做什么以及为什么这样做的基本概念。这与他以项目为中心引入新特性的方法相结合，意味着这本书对于初出茅庐的开发人员来说是理想的，他们希望通过 Vue 作为自己的第一个现代前端框架来扩展技能。

——Chris Fritz，Vue 核心团队成员和文档管理员

作者简介

Erik Hanchett 是一位拥有超过 10 年开发经验的 Web 开发人员。他是 *Ember.js Cookbook* (Packt Publishing，2016)的作者，也是 YouTuber(http://erik.video)和博主(http://programwitherik.com)。他运行了一个邮件列表，通过 https://goo.gl/UmemSS 为 JavaScript 开发人员提供提示和技巧。在工作或编码之余，他会和妻子 Susan 以及两个孩子 Wyatt 和 Vivian 共度时光。

致　　谢

　　首先，同时也是最重要的，我要感谢我的妻子 Susan，因为没有她的帮助，这本书永远不会完成。我要感谢我的儿子 Wyatt 和女儿 Vivian。他们是我如此努力工作的动力源泉。我还要感谢所有的评论家、Vue.js in Action 论坛的成员，以及任何有助于对这本书给予反馈的人。你们提供的帮助使得这本书远比我一个人所能做到的要好得多。另外，Chris Fritz，感谢你写了一篇精彩的序言。最后，我衷心感谢 Vue.js 社区、Evan You 以及所有让 Vue.js 成为如此卓越框架的人。

—Erik Hanchett

　　首先，我要向我的妻子 Kiffen 表示最诚挚的感谢，感谢她对我的支持和鼓励，不仅感谢让我参与这项工作，还感谢她对我们生活各个方面的支持和鼓励。对我们的儿子 Leo，我们家族宇宙中心的明星，我要感谢你无限的微笑、拥抱和欢呼。感谢他们的鼓励、理解和支持。我衷心感谢 Manning 的编辑团队。关于 Erik，没有他这本书就不会有生命，我深表感谢；我祝福你一切顺利。最后，感谢 Evan You 和所有为 Vue.js 做出贡献的人，感谢他们汇集大量的软件并组成一个伟大的社区。我很荣幸能成为这个社区的一员。

—Benjamin Listwon

　　我们都应该感谢我们的技术校对员 Jay Kelkar，以及一直以来提供反馈的所有审稿人，包括 Alex Miller、Alexey Galiullin、Chris Coppenbarger、Clive Harber、Darko Bozhinovski、Ferit Topcu、Harro Lissenberg、Jan Pieter Herweijer、Jesper Petersen、Laura Steadman、Marko Letic、Paulo Nuin、Philippe Charriere、Rohit Sharma、Ronald Borman、Ryan Harvey、Ryan Huber、Sander Zegveld、Ubaldo Pescatore 和 Vittorio Marino。

前　言

　　2017 年年初，在 Benjamin Listwon 因个人原因退出之后，我有机会撰写这本书。我最近刚从雷诺内华达大学获得了工商管理硕士学位，自从我出版上一本书 *Ember.js Cookbook* (Pact Publishing，2016)以来已经整整一年了。我已经开始了我的 YouTube 频道，和 Erik 合作，我花了大部分时间试图找出如何更好地为我的小规模但人数不断增长的观众录制节目教程。大约在这段时间，我开始在 Vue.js 上制作一个电影系列，并从我的观众那里得到了积极反馈。这让我更想探索 Vue.js。

　　首先，我会倾听 Evan You(Vue.js 的创建者)及其框架路线图。然后我看了无数的 YouTube 教程和其他创建者的视频。我访问了在线论坛和 Facebook 群组，看看人们在谈论什么。无论我到哪里，人们都对 Vue.js 框架的可能性感到兴奋。这使我想探索写这本书的可能性。

　　经过深思熟虑，并且与我妻子谈话后，我决定去做这件事。幸运的是，Benjamin 为我打下很好的基础，所以我可以在此基础上进行创作。在接下来的 10 个月里，我花了无数的夜晚和周末研究、测试和写作。

　　我希望我能告诉你写这本书多么容易，或者说我没有遇到任何问题。但事情并没有按计划进行。我遇到了个人挫折，错过了最后期限，遇到了写作障碍，如果这还不够的话，我最终不得不在 Vue.js 做了一次更新之后进行重大修改。

　　尽管如此，我还是为这本书感到骄傲。每次挫折，我都被激励加倍努力。我决心以最高质量完成这本书。

　　谢谢读者，非常感谢你购买了本书。我真的希望它能帮助你学习 Vue.js。如果真的帮到了你，请告诉我。你可以在@ErikCH 上发推特，在 erik@programwitherik.com 上发邮件给我，或者在 https://goo.gl/UmemSS 上加入我的邮件列表！再次感谢！

关 于 本 书

在你学习如何编写 Vue.js 应用程序之前，让我们先介绍一下你应该了解的一些事项。

在本书中，我们将介绍你所需了解的所有知识来让你熟悉 Vue.js。本书的目标是为你提供所需的知识，因此你可以毫不犹豫地跳到任何 Vue.js 应用程序中。

在为本书做研究时，我无数次听到官方的 Vue.js 指南是学习 Vue.js 的最佳资源。虽然官方指南很棒，但我强烈建议你在学习 Vue.js 时将它们作为附加参考，但它们并不涵盖所有内容，并且它们并不完美。本书涵盖的内容超越官方指南，并且书中的示例更容易理解、可关联，因此你可以更轻松地将这些概念应用到你自己的项目中。我认为某个主题超出了本书的讨论范围，或者说不够重要，因此我添加了一份参考资料，你可以在官方指南中了解更多相关内容。

本书可以有几种不同的阅读方式。你可以从前到后阅读。在这种情况下，你将获得 Vue.js 所提供技能的全部广度。或者你也可以使用本书作为参考手册来查找你需要掌握更多信息的那些概念。无论哪种方式都是可以接受的。

在本书的后面部分，我们将转换为使用构建系统创建 Vue.js 应用程序。别担心，附录 A 中包含如何使用 Vue.js 构建工具 Vue-CLI。Vue-CLI 最重要的好处之一是，它可以帮助我们创建更复杂的 Vue.js 应用程序，而不必担心构建或转换我们的代码。

贯穿本书，我们将创建一个 Vue.js 宠物商店应用程序。某些章节比其他章节更多地使用这个宠物商店示例应用程序。我刻意这么做，这样你可以很容易地掌握一个概念，而无须了解它如何与这个宠物商店示例应用程序共存。但是，那些喜欢用真实应用程序学习的人仍然有选择的权利。

读者对象

本书适合任何有兴趣学习 Vue.js 并具有 JavaScript、HTML 和 CSS 经验的人。我不希望你对此有太多了解，但了解基础知识，如数组、变量、循环和 HTML 标签，将会有所帮助。至于 CSS，我们将使用 Bootstrap 3，它是一个 CSS 库。但是，你不需要了解 Bootstrap 的任何内容以跟随示例。它只是用于帮助构建样式。

在本书的前面部分，我使用 ECMAScript 2015(也称为 ES6)介绍了示例代码。在开始阅读本书之前，最好先查看一下。在大多数情况下，我只使用一些 ES6 功能，例如箭头函数和 ES6 导入。当我们进行这种转变时，我会在书中警告你。

学习路线图

本书内容分为三部分，每部分都建立在前一部分的基础之上。第 I 部分是了解 Vue.js 的关键。在第 1 章和第 2 章中，我们将创建第一个 Vue.js 应用程序。我们将看看 Vue.js 实例是什么及其与应用程序的关系。

在第 II 部分(第 3~9 章)，我们将深入了解 Vue.js 的几个最重要的部分。第 I 部分更多是 Vue.js 的开胃菜，而第 II 部分是主菜。你将学习如何创建 Vue.js 应用程序的复杂性。我们将首先学习反应模型，然后将创建一个宠物商店应用程序，我们将在本书的其余部分使用它。

我们将添加表单和输入框，还将介绍如何使用 Vue.js 强大的指令绑定信息，然后查看条件、循环和表单。

第 6 章和第 7 章非常重要。我们将学习如何使用组件将 Vue.js 应用程序分成几个逻辑部分，我们将先看一下创建 Vue.js 应用程序所需的构建工具。

第 7 章还将介绍路由。在前面的章节中，我们使用简单的条件来导航应用程序。通过添加路由，我们可以正确地在应用程序中移动并在路由之间传递信息。

第 8 章介绍使用 Vue.js 可以执行的强大动画和转场。这些功能都融入了语言，是你应该掌握的很好功能。

在第 9 章中，我们将学习如何使用 Mixin 和自定义指令轻松扩展 Vue 而不用重复自己。

第Ⅲ部分是关于建模数据、使用 API 和测试的全部内容。在第 10 章和第 11 章中，我们首先深入探讨 Vue 的状态管理系统 Vuex。然后我们将看看如何开始与后端服务器进行通信，我们将了解有关服务器端呈现框架 Nuxt.js 的更多信息。

第 12 章专门用于测试。在任何专业环境中，你都需要了解测试，我们将介绍你必须了解的基本要素。

书籍论坛

购买本书后就可以免费访问由 Manning Publications 运营的私人网络论坛，可以在该论坛上对本书发表评论，提出技术问题，并从作者和其他用户那里获得帮助。要访问该论坛，可访问 https://forums.manning.com/forums/vue-js-in-action。还可以访问 https://forums.manning.com/forums/about，了解有关 Manning 论坛和行为规则的更多信息。

源代码

本书包含许多源代码示例，包括编号列表和内联普通文本。在这两种情况下，源代码都以这样的固定等宽字体格式化，以与普通文本分开。有时使用粗体突出显示已从本章前面的步骤中更改的代码，例如当新功能被添加到现有代码行时。

在许多情况下，源代码已经重新格式化；我们添加了换行符并重写缩进以适应书中可用的页面空间。在极少数情况下，如果这还不够，列表将包括行继续标记(➡)。此外，当使用文本描述代码时，源代码中的注释通常已从代码清单中删除。代码注释伴随着许多代码清单，从而突出了重要的概念。

本书的源代码可从出版商的网站(www.manning.com/books/vue-js-in-action)和我的个人 GitHub 存储库(https://github.com/ErikCH/VuejsInActionCode)下载，也可通过扫描封底的二维码下载。你还可以在附录 A 中找到有关下载代码和设置编程环境的更多说明。

在阅读本书时，你会注意到我经常将源代码拆分为单独的文件。我已将完成的文件和每章中的分隔文件都包含在源代码中，因此你可以按照这些步骤进行操作。如果你在代码中发现错误，请随意通过 pull request 发送到我的 GitHub 存储库。我会维护该存储库，并在自述(README)文件中发表任何更新的评论。

软件要求

为简单起见，本书中的所有代码都适用于任何现代浏览器。我已经在 Firefox 58、Chrome 65 和 Microsoft Edge 15 上亲自测试过。我不建议尝试在旧浏览器上运行我的任何应用程序，因为你肯定会遇到问题。Vue.js 本身不支持 IE 8 及以下版本。你必须具有符合 ECMAScript 5 标准的浏览器。

在本书的前几章中，我使用了一些 ES6 特性。你需要使用现代 Web 浏览器来运行这些示例。

我们将在本书中创建的宠物商店应用程序将在移动浏览器上运行。然而，宠物商店应用程序并未针对移动设备进行优化，因此我建议你在台式计算机上运行这些示例。

你不必担心操作系统。如果 Web 浏览器运行了，就应该没问题。实际上没有其他要求。

在线资源

正如我之前提到的，当你使用本书中的示例时，Vue.js 官方指南非常适合用作参考资料。你可以在 https://vuejs.org/v2/guide/ 上找到指南。它们在不断更新。

在 GitHub 页面 https://github.com/vuejs/awesome-vue 上有一个与 Vue.js 相关的精彩内容的精选列表。在这里，你可以找到 Vue.js 播客(Podcast)、其他 Vue.js 资源、第三方库，甚至是使用 Vue.js 的公司的链接。强烈建议你查看一下。

Vue.js 社区规模庞大且不断发展。与其他 Vue.js 开发人员交流的最佳地点之一是 https://forum.vuejs.org/ 上的官方 Vue.js 论坛。在这里可以讨论或获得任何关于 Vue 的帮助。

如果你正在寻找更多视频教程，我的频道——YouTube 上的 http://erik.video——涵盖了大量有关 Vue.js 和 JavaScript 的信息。

更多信息

这本书中覆盖了大量的材料。如果你遇到了困难，或者你需要帮助，请不要犹豫，与我联系。如果我无法帮助你，至少我会指出正确的方向。别害羞。你会发现 Vue.js 社区中的人们对初学者是很友好的。

此外，在阅读本书时，请尝试采用你学到的几个概念并自行实施。最好的学习方法之一就是实践。例如，尝试创建自己的电子商务网站，而不是参照宠物商店应用程序。使用本书作为指导，以确保你不会陷入困境。

最后一件事：学得开心。要有创意，做一些很炫酷的事情。如果你这样做了，一定要在 Twitter 上通过@ErikCH 联络我！

目　　录

第 1 部分

初识Vue.js

在开始学习 Vue 的炫酷功能之前，我们需要先了解 Vue。在前两章中，将研究 Vue.js 背后的原理、MVVM 模式及其与其他框架的关联方式。

在理解了 Vue 的来源后，我们将继续深入研究 Vue 实例。Vue 根实例是应用程序的核心，我们将探索它是如何构成的。稍后，还将研究如何在 Vue 应用程序中绑定数据。

这些章将为你的学习提供一个良好开端。你将学习如何创建一个简单的 Vue 应用程序并了解 Vue 是如何工作的。

第 *1* 章

Vue.js介绍

本章涵盖:

- 探讨 MVC 和 MVVM 设计模式
- 介绍反应式应用程序
- 介绍 Vue 的生命周期
- 评价 Vue.js 的设计

交互式网站已经存在了很长时间。21 世纪中期,当 Web 2.0 还处于早期阶段时,人们更关注的是交互性和如何吸引用户使用。推特(Twitter)、脸书(Facebook)和优兔(YouTube)等公司都是在这个时期诞生的。社交媒体和用户原创内容(User-Generated Content,UGC)的兴起改变了互联网的发展方向,使其变得更丰富多彩。

开发人员必须跟上这些变化,为最终用户提供更多的交互性。在早期,各种库和框架使构建交互式网站变得更容易。2006 年,John Resig 发布了 jQuery,极大地简化了 HTML 中的客户端脚本。随着时间的推移,客户端框架和库出现了。

起初这些框架和库都很庞大而笨重，没有模块化且不灵活通用。现在这些库正在向更小、更轻量化的方向转变，可以很容易地集成到任何项目中。Vue.js 就是在这时出现的。

有了 Vue.js，就可以在任何 JavaScript 能运行的地方增加交互行为和功能。Vue 既可以用于完成个别页面的简单任务，也可以为企业级应用提供基础框架。

提示　术语 Vue 和 Vue.js 通常可以互换。在本书中，多数情况下我会使用更通俗的 Vue，而当引用代码和库时将使用 Vue.js。

从提供用户交互的界面到为我们的应用提供数据的数据库，我们将探讨 Vue 以及相关支持库是如何让我们能够构建完整复杂的 Web 应用的。

在此过程中，我们将研究每一章的代码如何适应于全局，哪些行业最佳实践是可以借鉴的，以及如何将这些结合到你自己现有的或新的项目中。

本书主要面向对 JavaScript 有一定了解并熟悉 HTML 和 CSS 的 Web 开发人员。因为 API 的多样性，Vue 将会使你和你的项目得到长足发展。任何想要构建原型或个人项目的人都可以把本书当作指南。

1.1　站在巨人的肩膀上

在我们为第一个应用程序编写第一行代码之前，甚至是在深入探究 Vue 之前，很有必要先了解一些软件相关的历史。如果不了解 Web 应用程序在过去曾经面临过的问题和挑战，就很难真正领会到 Vue 为我们带来了什么以及 Vue 的优势。

1.1.1　MVC 模式

客户端的模型-视图-控制器(Model-View-Controller，MVC)模式提供的架构蓝图，已经被众多的现代 Web 应用开发架构所采用，这充分证明了它的实用性(如果你熟悉 MVC，可以跳过本节内容)。

值得一提的是，原始的 MVC 设计模式多年来一直在改变。有时我们称之为经典 MVC(Classic MVC)，它涉及一组单独的视图、控制器和模型之间如何交互的规则集。为简单起见，我们将讨论客户端 MVC 模式的简化版本。这种模式是对 Web 应用程序的一种更现代的解释。

如图 1.1 所示，该模式用于分离应用程序的层级关系。视图负责向用户显示信息，体现为图形用户界面(Graphical User Interface，GUI)。控制器在中间，它有助于将事件从视图转换为模型，将数据从模型转换为视图。最后，模型保持业务逻辑并且包含数据存储。

信息	如果你有兴趣了解关于 MVC 模式的更多信息，请访问 Martin Fowler 的关于 MVC 演变的网页，网址为 https://martinfowler.com/eaaDev/uiArchs.html。

许多 Web 框架的作者之所以使用这种 MVC 模式的变体，正是因为它的坚实且经受过时间考验。如果你想了解更多关于现代 Web 框架是如何设计和架构的，请查看 Emmitt A.Scott Jr.撰写的 *SPA Design and Architecture* (Manning，2015)。

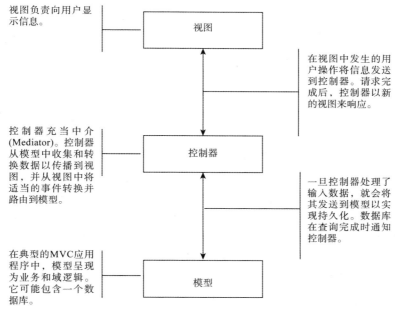

图 1.1　MVC 模式中模型、视图和控制器的角色

在现代软件开发中，MVC 模式通常作为单应用程序的组成部分，并且为分离应用程序代码的不同角色提供了良好的机制。对于使用 MVC 模式的网站，每个请求都会启动从客户端到服务器、再到数据库的信息流，最后依次返回。该过程耗时且资源密集，并且不提供响应式用户体验。

多年以来，开发人员通过使用异步 Web 请求和客户端 MVC 来提升 Web 应用程序的交互性，因此发送给服务器的请求是非阻塞性的，能持续操作而无须等待返回。但是随着 Web 应用程序像桌面应用程序一样工作，任何对客户端/服务器交互的等待都会让人感觉应用程序迟缓或断续。这就需要下一个设计模式来拯救。

关于业务逻辑

当你考虑应该在哪里实现业务逻辑时，你会发现客户端 MVC 模式有相当大的灵活性。在图 1.1 中，为简化起见，我们在模型中合并了业务逻辑，但是它也可能存在于应用程序的其他层中，包括控制器在内。自从 1979 年 Trygve Reenskaug 在 Smalltalk-76 中引入 MVC 模式以来，MVC 模式已经发生了许多变化。

下面考虑对用户输入的邮政编码进行验证：

- 视图可能需要包含 JavaScript，在输入时或提交之前对邮政编码进行验证。
- 当创建用于保存输入数据的地址对象时，模型可能也需要验证邮政编码。
- 对于邮政编码字段上的数据库约束，可能意味着模型还会强制执行业务逻辑，尽管这可能会被认为是不好的实践。

很难定义什么构成了实际的业务逻辑，并且在许多情况下，所有之前的约束都可能会最终在某个请求中产生作用。

当我们在本书中构建应用程序时，将研究如何以及在何处组织业务逻辑，还将研究 Vue 及其支持库是如何帮助我们避免令人讨厌的功能跨界的。

1.1.2   MVVM 模式

当 JavaScript 框架开始支持异步编程技术时，Web 应用程序不再需要请求完整的网页。网站和应用程序可以通过部分更新视图来更快地响应，但这样做需要一定程度的重复劳动。用于呈现的代码逻辑通常会重复包含业务逻辑。

模型-视图-视图模型(MVVM)模式是对 MVC 模式的重新定义，最主要的区别是引入了视图模型(view-model)及其数据绑定(统称为绑定)。MVVM 模式为我们构建客户端应用程序提供了更多的反应式用户交互和反馈，同时在整体架构上避免了代价高昂的重复代码和重复劳动。单元测试也变得更容易。尽管如此，对于非常简单的 UI 来说，使用 MVVM 可能会有些大材小用，这点也需要充分考虑到。

对于 Web 应用程序，MVVM 的设计让我们编写的软件可以即时响应用户交互，并且允许用户自由地从一个任务移动到下一个任务。通过图 1.2 可以看出，视图模型(view-model)也充当着不同角色。这种职责的整合使得应用程序的视图的职责变得单一而重要：当视图模型中的数据发生改变时，任何与其绑定的视图都要自动刷新。数据绑定器负责提供数据，并且当数据发生变化时确保数据能反映到视图中。

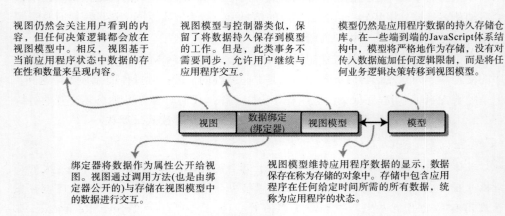

视图仍然会关注用户看到的内容，但任何决策逻辑都会放在视图模型中。相反，视图基于当前应用程序状态中数据的存在性和数量来呈现内容。

视图模型与控制器类似，保留了将数据持久保存到模型的工作。但是，此类事务不需要同步，允许用户继续与应用程序交互。

模型仍然是应用程序数据的持久存储仓库。在一些端到端的JavaScript体系结构中，模型将严格地作为存储，没有对传入数据施加任何逻辑限制，而是将任何业务逻辑决策转移到视图模型。

绑定器将数据作为属性公开给视图。视图通过调用方法(也是由绑定器公开的)与存储在视图模型中的数据进行交互。

视图模型维持应用程序数据的显示，数据保存在称为存储的对象中。存储中包含应用程序在任何给定时间所需的所有数据，统称为应用程序的状态。

图 1.2   模型-视图-视图模型(MVVM)模式中的组件

信息　你可以访问 Martin Fowler 的关于 Presentation 模型的网页，了解关于 MVVM 模型的更多信息，网址为 https://martinfowler.com/eaaDev/PresentationModel.html。

1.1.3　什么是反应式应用程序

反应式编程范例并不是一个新概念。但它在 Web 应用程序上的应用相对较新，并且很大程度上归功于 JavaScript 框架(诸如 Vue、React 和 Angular 等)的可用性。

网上有许多关于反应式理论的优秀资源，但我们的需求可能更加集中。对于一个具备响应性的 Web 应用程序，应该：

- 监听应用程序状态的变化
- 在整个应用程序内广播变化通知
- 根据状态的变化自动渲染视图
- 为用户交互提供及时反馈

反应式 Web 应用程序通过采用 MVVM 设计原则，使用异步技术避免阻塞持续性交互，尽可能地运用函数式编程风格，从而实现了以上目标。

虽然 MVVM 模式并不意味着反应式应用程序，反之亦然，但它们具有共同的意图：为用户提供响应更快、更可靠的体验。

信息　如果你想了解关于 Vue 反应式编程范例的更多信息，请查看 *Reactivity in Depth* 指南，网址为 https://vuejs.org/v2/guide/reactivity.html。

1.1.4　JavaScript 计算器

为了更好地理解数据绑定和反应式的概念，我们将首先在简单的、Vanilla JavaScript(Vanilla JavaScript 是指浏览器提供的原始 JavaScript 功能)中实现一个计算器，如代码清单 1.1 所示。

代码清单 1.1　JavaScript 计算器：chapter-01/calculator.html

```
<!DOCTYPE>
<html>
  <head>
    <title>A JavaScript Calculator</title>
    <style>
     p, input { font-family: monospace; }
     p, { white-space: pre; }
    </style>
  </head>
  <!-- Bind to the init function -->
  <body>
    <div id="myCalc">
```
借助表单输入采集 x 和 y，绑定 runCalc 函数

```
    <p>x <input class="calc-x-input" value="0"></p>
    <p>y <input class="calc-y-input" value="0"></p>
    <p>--------------------</p>
      <p>= <span class="calc-result"></span></p>          ◀—— 显示 x 和 y 的结果
</div>
<script type="text/javascript">
 (function(){

   function Calc(xInput, yInput, output) {   ◀—— 创建 calc 实例的构造函数
     this.xInput = xInput;
     this.yInput = yInput;
     this.output = output;
   }

   Calc.xName = 'xInput';
   Calc.yName = 'yInput';

   Calc.prototype = {
     render: function (result) {
       this.output.innerText = String(result);
     }
   };
   function CalcValue(calc, x, y) {    ◀—— 为 calc 实例赋值的构造函数
     this.calc = calc;
     this.x = x;
     this.y = y;
     this.result = x + y;
   }

   CalcValue.prototype = {
     copyWith: function(name, value) {
       var number = parseFloat(value);

       if (isNaN(number) || !isFinite(number))
         return this;

       if (name === Calc.xName)
         return new CalcValue(this.calc, number, this.y);

       if (name === Calc.yName)
         return new CalcValue(this.calc, this.x, number);

       return this;
     },
     render: function() {
       this.calc.render(this.result);
     }
   };

   function initCalc(elem) {    ◀—— 初始化 calc 组件
```

```
      var calc =
        new Calc(
          elem.querySelector('input.calc-x-input'),
          elem.querySelector('input.calc-y-input'),
          elem.querySelector('span.calc-result')
        );
      var lastValues =
        new CalcValue(
          calc,
          parseFloat(calc.xInput.value),
          parseFloat(calc.yInput.value)
        );
      var handleCalcEvent =          ◀── 事件处理器
        function handleCalcEvent(e) {
          var newValues = lastValues,
            elem = e.target;

          switch(elem) {
            case calc.xInput:
              newValues =
               lastValues.copyWith(
                  Calc.xName,
                  elem.value
                );
              break;
            case calc.yInput:
              newValues =
               lastValues.copyWith(
                  Calc.yName,
                  elem.value
                );
          break;
          }

          if(newValues !== lastValues){
            lastValues = newValues;
            lastValues.render();
          }
                                       设置 keyup 事件侦听器
        };
      elem.addEventListener('keyup', handleCalcEvent, false);◀──┘
return lastValues;
}
window.addEventListener(
'load',
function() {
        var cv = initCalc(document.getElementById('myCalc'));
        cv.render();
```

```
        },
        false
    );

  }());
  </script>
  </body>
</html>
```

此计算器使用的是 ES5 JavaScript(本书后面将使用更加现代化的版本 JavaScript ES6/2015)。我们使用一个即时调用的函数表达式来启动 JavaScript。构造函数用于保持值以及处理所有 keyup 事件的 handleCalcEvent 函数。

1.1.5　Vue 计算器

不要过分担心 Vue 示例的语法，因为我们的目标不是要理解代码中发生的一切，而是要比较这两个实现。也就是说，如果你对 JavaScript 示例(如下面的代码清单 1.2 所示)的工作原理有很好的了解，那么大多数 Vue 代码至少应该在理论层面上是有意义的。

代码清单 1.2　Vue 计算器：chapter-01/calculatorvue.html

```
<!DOCTYPE html>
<html>
<head>
  <title>A Vue.js Calculator</title>
  <style>
    p, input { font-family: monospace; }
    p { white-space: pre; }
  </style>
</head>
<body>
  <div id="app">                              ← 应用程序的 DOM 锚
    <p>x <input v-model="x"></p>              ← 应用程序的表
    <p>y <input v-model="y"></p>                单输入框
    <p>--------------------</p>
    <p>= <span v-text="result"></span></p>    ← 结果将会显示在
  </div>                                        这个 span 标签内
  <script src="https://unpkg.com/vue/dist/vue.js"></script> ←
  <script type="text/javascript">             添加 Vue.js 库的 script 标签
  function isNotNumericValue(value) {
    return isNaN(value) || !isFinite(value);
  }

    var calc = new Vue({                       ← 初始化应用程序
      el: '#app',                              ← 连接到 DOM
      data: { x: 0, y: 0, lastResult: 0 },     ← 添加到应用程序的变量
```

```
      computed: {                    ◄──────────  这里用 computed
        result: function() {                      属性来计算结果
          let x = parseFloat(this.x);
          if(isNotNumericValue(x))
            return this.lastResult;
          let y = parseFloat(this.y);
          if(isNotNumericValue(y))
            return this.lastResult;
          this.lastResult = x + y;
          return this.lastResult;
        }
      }
    });
  </script>
</body>
</html>
```

1.1.6　JavaScript 和 Vue 的差别

两种计算器实现的代码在很大程度上是不同的。图 1.3 中显示的每个示例都可以在本章对应的代码仓库中找到，因此你可以运行每个示例并比较它们的运行方式。

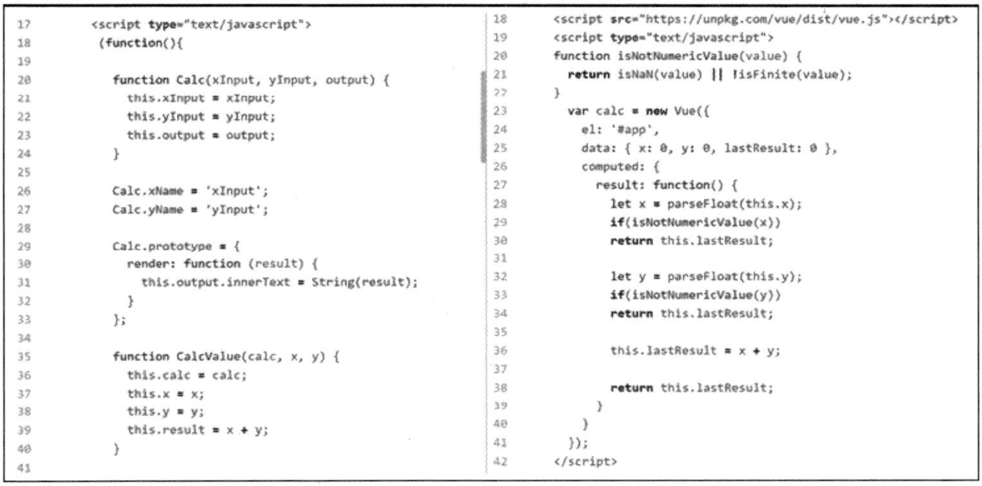

```
17    <script type="text/javascript">          18    <script src="https://unpkg.com/vue/dist/vue.js"></script>
18      (function(){                            19    <script type="text/javascript">
19                                               20    function isNotNumericValue(value) {
20        function Calc(xInput, yInput, output) {    21      return isNaN(value) || !isFinite(value);
21          this.xInput = xInput;               22    }
22          this.yInput = yInput;               23    var calc = new Vue({
23          this.output = output;               24      el: '#app',
24        }                                      25      data: { x: 0, y: 0, lastResult: 0 },
25                                               26      computed: {
26        Calc.xName = 'xInput';                 27        result: function() {
27        Calc.yName = 'yInput';                 28          let x = parseFloat(this.x);
28                                               29          if(isNotNumericValue(x))
29        Calc.prototype = {                     30            return this.lastResult;
30          render: function (result) {          31
31            this.output.innerText = String(result);   32          let y = parseFloat(this.y);
32          }                                    33          if(isNotNumericValue(y))
33        };                                     34            return this.lastResult;
34                                               35
35        function CalcValue(calc, x, y) {       36          this.lastResult = x + y;
36          this.calc = calc;                    37
37          this.x = x;                          38          return this.lastResult;
38          this.y = y;                          39        }
39          this.result = x + y;                 40      }
40        }                                      41    });
41                                               42    </script>
```

图 1.3　使用原生 JavaScript(左图)和 Vue(右图)编写的反应式计算器的并排对比

两个应用程序之间的关键区别在于如何触发最终计算结果的更新以及计算结果如何找到返回页面的方式。在我们的 Vue 示例中，通过一个 v-model 绑定来负责页面上的所有更新和计算。当我们使用 new Vue({...})实例化我们的应用程序时，Vue 会检查我们的 JavaScript 代码和 HTML 标签，然后创建运行应用程序所需的所有数据和事件绑定。

1.1.7 Vue 如何促进 MVVM 和响应性

Vue 有时被称为渐进式框架(progressive framework)，渐进式框架广义地意味着它可以被整合到某个现有的网页中用于简单的任务，或者可以完全用作大规模 Web 应用程序的基础。

无论你选择如何将 Vue 集成到项目中，每个 Vue 应用程序将具有至少一个 Vue 实例(instance)。最基本的应用程序将具有一个实例，该实例在特定标签与视图模型中存储的数据之间提供绑定(参见图 1.4)。

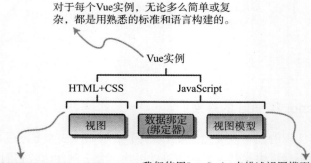

图 1.4　典型的 Vue 实例通过在 HTML 标签和视图模型之间创建数据绑定将它们绑定在一起

由于完全由 Web 技术构建，单个 Vue 实例完全存在于 Web 浏览器中。关键是，这意味着我们不需要依赖基于服务器的页面重载来刷新视图，也不需要执行业务逻辑、视图或视图模型域的任何其他任务。让我们回顾一下表单提交示例。

或许关于客户端 MVC 架构的最显著变化是，浏览器页面在用户的整个会话期间很少需要(如果还有的话)重新加载。由于视图、视图模型和数据绑定都是用 HTML 和 JavaScript 实现的，因此我们的应用程序可以异步将任务委派给模型，让用户可以执行其他任务。当新数据从模型返回时，Vue 建立的绑定将触发视图中需要发生的任何更新。

可以说，Vue 的主要作用是通过创建和维护视图与视图模型中数据之间的绑定来促进用户交互。在这方面，正如你在第一个应用程序中见到的，Vue 为所有反应式应用程序提供了坚实基础。

1.2　使用 Vue.js 的理由

在开始一个新项目时，有很多决定要做。其中最重要的是应该使用的框架或库。如果你是代理商甚至是独立开发人员，那么选择正确的工具非常重要。幸运的是，Vue.js 是多功能的，可以应对许多不同的情况。

以下是你作为独立开发人员或代理商启动新项目时可能遇到的几个最常见的问题，

以及 Vue 如何直接或作为更大的反应式 Web 应用程序的一部分来解决这些问题的说明。

- 我们的团队不善于使用 Web 框架。在项目中使用 Vue 的最大优势之一是不需要什么高深的专业知识。每个 Vue 应用程序都使用 HTML、CSS 和 JavaScript 等熟悉的工具构建，让你可以从一开始就提高工作效率。即使是那些几乎没有任何前端开发经验的团队，也会在 MVVM 模式中找到一个舒适的立足点，因为他们熟悉其他环境中的 MVC 模式。

- 我们已经有一些成果了，想要在原有的基础上继续。别担心，不用废弃呕心沥血设计的 CSS 或酷炫的图片轮播。无论是将 Vue 放入具有多个依赖项的现有项目中，还是开始一个新项目并希望利用你已熟悉的其他库，Vue 都不会受到影响。你可以继续使用 Bootstrap 或 Bulma 等工具作为 CSS 框架，保留 jQuery 或 Backbone 组件，用你喜欢的库发出 HTTP 请求，处理 Promise 或其他扩展功能。

- 我们需要快速制作原型来评估用户的反应。正如我们在第一个 Vue 应用程序中看到的，要开始使用 Vue 来帮助构建，我们要做的就是在任何独立网页中引用 Vue.js。无需复杂的构建工具！从开始开发到在用户面前显示原型只需要一到两周时间，让你可以尽早收集反馈并频繁迭代。

- 我们的产品只用于移动设备。缩小并压缩的 Vue.js 文件大小约为 24KB，对于前端框架来说非常紧凑。所需文件可通过蜂窝数据连接轻松传递。Vue 2 有个新功能：服务器端渲染(SSR)。这样的策略意味着应用程序的初始负载可以是最小的，能让你仅在需要时引入新的视图和资源。将 SSR 与有效的组件缓存相结合，可进一步降低带宽消耗。

- 我们的产品具有独特的自定义功能。Vue 应用程序是从头开始构建的，是模块化的且具有可扩展性，使用可重用的组件。Vue 还支持通过继承扩展组件，将功能与 Mixin 相结合，并通过插件和自定义指令扩展 Vue 的功能。

- 我们拥有庞大的用户群，担心会有性能问题。Vue 最近基于可靠性、性能和速度进行了重写，现在使用了虚拟 DOM。这意味着 Vue 首先对尚未加载到浏览器的 DOM 执行渲染操作，然后再将这些更改"复制"到我们能看到的视图中。因此，Vue 通常优于其他前端库。由于通用测试通常过于抽象，我总是鼓励客户选择几个典型用例和几个极端用例，开发测试场景并自己测量结果。可以访问 https://vuejs.org/v2/guide/comparison.html，以了解更多有关虚拟 DOM 以及与竞争对手对比的信息。

- 我们有现行的构建、测试和(或)部署过程。在本书的后面章节中，我们将深入探讨这些主题，但最重要的是 Vue 很容易集成到许多流行的构建框架(Webpack、Browserify 等)和测试框架(Karma、Jasmine 等)中。如果已经为现行框架编写了单元测试，在多数情况下是可以直接移植的。如果刚开始但同时想要使用这些工具，Vue 会提供集成这些工具的项目模板。用最简单的术语来说，将 Vue 添加到现有项目中是很容易的。

- 如果在集成期间或集成之后需要帮助，我们该怎么办？Vue 的两个不可估量的好处是它的社区和支持生态系统。Vue 的在线文档和代码本身都有详细记录，并且核心团队很活跃、反应很快。也许更重要的是，Vue 的开发人员社区也同样强大。Gitter 和 Vue 论坛等平台也有许多乐于助人的人，并且几乎每天都会有越来越多的流行代码被放到平台上，包括插件、集成和库扩展。

经过在我自己的项目上询问了很多这些问题之后，我现在向几乎所有的项目都推荐 Vue。当你通过本书对 Vue 的掌握充满信心时，我希望你能在下一个项目中推行 Vue。

1.3　展望未来

作为开篇，在本章中我们已经涵盖了许多方面。如果你刚开始接触 Web 应用程序开发，这可能是第一次接触 MVVM 架构或反应式编程，但我们已经看到构建反应式应用程序并不像听到这些术语时那么可怕。

也许本章最多的内容并不是关于 Vue 本身，而是反应式应用程序如何越来越容易使用、容易编写。另一个好处是，我们可以编写更少的样板化接口代码。不必编写所有的用户交互脚本，我们就可以专注于如何建模数据和设计接口。把它们连接在一起对 Vue 来说毫不费力。

如果你像我一样，那么肯定已经在考虑使用许多方法来改善我们的应用程序。这是一件好事，你绝对应该实验和运行代码。当我审视应用程序时，会考虑以下几点：

- 如何才能避免需要在这么多地方复制文本字符串？
- 当用户聚焦输入框时，如何才能清空默认值？当用户离开空的输入框时又如何再次恢复默认值？
- 是否有办法避免手写每个输入框？

在本书第 II 部分，我们会找到这些问题的答案以及更多问题和答案。Vue 旨在让我们开发人员一起成长，与我们的代码一起成长，因此我们将始终确保采用不同的策略，比较它们的优缺点，并学习如何确定哪种是针对特定情况的最佳实践。

好吧，让我们看看如何改进我们编写的一些内容！

1.4　本章小结

- 简要介绍模型、视图和控制器的工作原理，以及它们如何与 Vue.js 联系起来。
- Vue.js 如何让你在创建应用程序时节省时间？
- 为什么应该在下一个项目中考虑使用 Vue.js？

第 *2* 章

Vue实例

本章涵盖：
- 创建 Vue 实例
- 研究 Vue 生命周期
- 向 Vue 实例增加数据
- 绑定数据到标签
- 格式化输出数据

通过本书，我们将构建一个完整的 Web 应用程序：一个包含商品列表、结账流程和管理界面等功能的网络商店。要完成一个完整的网络商店似乎还有很长的路要走，尤其是在刚开始开发 Web 应用程序时，但是 Vue 能让你基于所学的内容从小处着手构建，在一个平稳的进程中交付复杂的产品。

Vue 实例，就是在应用程序发展的每个阶段保证 Vue 的一致性的关键所在。一个 Vue 应用程序就是一个 Vue 实例，所有 Vue 组件也都是 Vue 实例，甚至可通过创建具有自定义属性的实例来扩展 Vue。

你不可能在一章中就触及 Vue 实例的所有方面，我们将在之前的基础上继续构建，就如同应用程序的演进一样。所以，当我们在接下来的章节中探索新特性时，会经常参考本章介绍的 Vue 实例和 Vue 生命周期的相关内容。

2.1 我们的第一个应用程序

为开始我们的旅程，需要为我们的网络商店(网店)奠定基础，在页面上显示名称，然后创建一个只有一件商品的列表。我们介绍的重点是如何创建一个 Vue 应用程序，以及视图模型中的数据与显示这些数据的视图之间的关联关系。图 2.1 是在本章结束时我们的应用程序将会展现的样子。

图 2.1　简陋网店的初期预览

顺便说说　如果你已经尝试了代码清单 1.2 中的简易计算器示例，从技术上讲，这将是你的第二个 Vue 应用程序。你已经算是一位经验丰富的老将了！

在开始前，为你的浏览器下载 vue-devtools 插件。可以在附录 A 中找到更多关于如何下载这个插件的信息。

2.1.1　Vue 根实例

每个 Vue 应用程序，无论大小，核心都是 Vue 根实例，简称 Vue 实例。Vue 根实例的创建是通过调用 Vue 构造函数 Vue() 来完成的。该构造函数通过编译一个 HTML 模板来构造应用程序，初始化所有的实例数据，并绑定数据和事件，使应用程序具备交互性。

Vue 构造函数还接收一个 JavaScript 对象——一个被称为 options 的对象：new Vue({ /* 在这里放置 options 对象 */ })。我们要向 Vue 构造函数提供构造应用程序所需要的全部选项，为了快速开始，下面重点介绍其中的一个选项——el 选项。

选项 el 用来指定一个 DOM 元素(el 为元素的开头两个字母)，Vue 会在这个元素上挂载我们的应用程序。Vue 会在 HTML 中定位到相应的 DOM 元素，并将其作为应用程序的挂载点。

　　这里的代码是网络商店应用程序的开端。为了方便使用，我把本章的代码打包成了一个文件，你可以直接下载。然而，要运行应用程序，需要将所有文件中的代码片段组合到 index.html 文件中。是的，index.html 会随着本书的进展而变得相当庞大，这是正常的。在以后的章节中，我们将讨论把应用程序分割成数个独立文件的方法。

　　如果希望查看本章完成的应用程序，请查找 chapter-02 文件夹中的 index.html，该文件包含了全部代码(如果还没有下载本章附带的代码，请查看附录 A 以了解从何处获得代码)。接下来，创建第一个 Vue 应用程序，参见代码清单 2.1。

代码清单 2.1　第一个 Vue 应用程序：chapter-02/first-vue.html

```html
<html>
  <head>
    <title>Vue.js Pet Depot</title>
    <script src="https://unpkg.com/vue"></script>          列出 Vue.js 的 CDN 版本
    <link rel="stylesheet" type="text/css" href="assets/css/app.css"/>
    <link rel="stylesheet"                                 我们自己的
href="https://maxcdn.bootstrapcdn.com/bootstrap/3.3.7/css/  app.css 样式表
    bootstrap.min.css" crossorigin="anonymous">            以及 Boostrap
  </head>                                                   样式表
  <body>
    <div id="app"></div>          Vue 将在此元素上挂载
    <script type="text/javascript">   我们的应用程序
      var webstore = new Vue({
        el: '#app' });                                     Vue 构造函数
    </script>          列出 CSS 选择器，用于
  </body>              定位 DOM 挂载点
</html>
```

　　上述标签中包含了一个 div 元素，这个 div 元素带有一个 CSS ID 选择器：#app。Vue 用它来定位 div 元素，将应用程序挂载到这个 div 元素上。这个选择器匹配 CSS 使用的相同语法(如#id、.class)。

注意　在本书中，将使用 Bootstrap 3 进行所有布局和设计。这样有助于将注意力放在 Vue.js 上，并且 Bootstrap 真的很棒。撰写本书时，Bootstrap 4 刚刚发布，因为本书的重点不在于设计，所以我决定仍旧使用 Bootstrap 3。这些示例也适用于 Bootstrap 4，但如果真的要切换，可能需要将几个类换成 Bootstrap 4 中的新类。请记住这点。

　　如果提供的 CSS 选择器解析到多个 DOM 元素，Vue 将把应用程序挂载到与 CSS 选择器匹配的第一个元素上。如果在 HTML 中有 3 个 div 元素，像 new Vue({ el: 'div' }) 这样调用 Vue 构造函数后，Vue 将会在 3 个 div 元素中的第一个 div 元素上挂载 Vue

应用程序。

如果需要在单个页面上运行多个 Vue 实例，可以通过使用独一无二的 CSS 选择器将它们挂载到不同的 DOM 元素上。这似乎有点奇怪，但如果使用 Vue 构建小的组件，例如图片轮播或表单，就能很容易看到如何让多个 Vue 根实例全部在单个页面上运行。

2.1.2　确保应用程序可以运行

下面启动 Chrome，打开代码清单 2.1 中为第一个 Vue 应用程序创建的文件，尽管它不会在浏览器窗口中渲染出任何东西(毕竟没有可见的 HTML)。

当页面开始加载时，如果 JavaScript 控制台还没打开，就赶紧打开，你会看到一条提示，指出 Vue 正运行在开发模式下。如果还没有下载 vue-devtools 的话，你会看到一条下载提示。图 2.2 展示了控制台的显示效果。

确保已选中Console选项卡。

如果还没有安装vue-devtools扩展，请在附录A中学习如何安装(这非常方便！)

图 2.2　没有错误或警告的 JavaScript 控制台

Vue 调试 101

即使到目前为止我们的应用程序如此简单，在 Chrome 中加载文件时也仍然会遇到麻烦。当事情没有按照预期进行时，需要注意以下两个常见问题。

- 未捕获 SyntaxError：意外标识符　　几乎总是表示 JavaScript 代码中的拼写错误，通常可以追溯到原因是缺少逗号或大括号。你可以单击错误右侧显示的文件名和行号，跳转到相应的代码。请记住，你可能需要向上或向下搜索几行才能找到有问题的拼写错误。
- [Vue warn]：Property or method "属性名称" is not defined　　让你知道是什么属性在创建实例时没有在 options 对象中定义。检查 options 对象中是否存在属性或方法，如果存在，请检查名称中的拼写错误，还要检查以确保标签中绑定的名称拼写正确。

最初几次的错误追溯可能会令人沮丧，但在解决了一些错误后，该过程将变得更加自然。

如果你遇到一些无法弄清楚的事情，或者发现一个令人特别讨厌的错误，可以查看 Vue 论坛的帮助部分，网址为 https://forum.vuejs.org/c/，你也可以到 Vue Gitter 聊天室寻求帮助，网址为 https://gitter.im/vuejs/vue。

在 Vue 完成初始化并挂载应用程序之后，它会返回对 Vue 根实例的引用，我们将其存储在 webstore 变量中。可以使用该变量在 JavaScript 控制台中检查我们的应用程序。现在，在继续之前使用它来确保应用程序仍然运行着。

打开控制台后，在提示符下输入 webstore。结果是一个 Vue 对象，可以在控制台中进一步观察它。现在，单击三角形按钮(▶)，从而展开对象并查看 Vue 实例的属性，如图 2.3 所示。

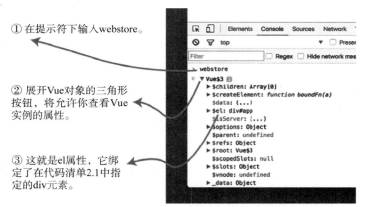

① 在提示符下输入webstore。

② 展开Vue对象的三角形按钮，将允许你查看Vue实例的属性。

③ 这就是el属性，它绑定了在代码清单2.1中指定的div元素。

图 2.3　通过 webstore 变量显示 Vue 实例并探索其属性

你可能需要稍微滚动一下，但是应该能够找到 el 属性，我们将其指定为应用程序的 options 对象的一部分。在之后的章节中，将使用控制台访问我们的实例，以便在应用程序运行时调试、操作数据以及触发行为，从而可以验证它的行为是否符合我们的预期。还可以使用 vue-devtools 在应用程序运行时查看其中的内容(如果你还没有安装 vue-devtools，请参阅附录 A 以了解如何安装)。下面比较 vue-devtools 与 JavaScript 控制台。图 2.4 显示了 vue-devtools 的不同部分。

① 单击Vue选项卡以切换到vue-devtools扩展。

② 目前，只有单个组件Root，它代表代码清单2.1中的单个实例。

③ Components选项卡列出了当前运行的应用程序中的所有组件实例。

图 2.4　没有选中任何内容的 vue-devtools 窗口

vue-devtools 扩展为检查 Vue 应用程序及其数据和组件关系提供了强大的功能。随着应用程序复杂性的增加，vue-devtools 中的可搜索树视图能够以 JavaScript 控制台无法实现的方式显示组件的关系。我们将在后续章节中讨论有关 Vue 组件及其如何与 Vue 实例关联的更多信息。

在构建应用程序时，经常使用这两种工具来解决应用程序的问题。事实上，使用 vue-devtools 时，除了 JavaScript 控制台以外，另一种用来访问应用程序实例的方法如图 2.5 所示。

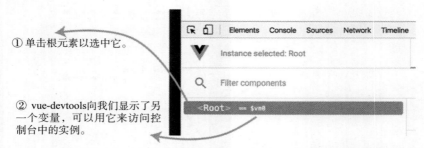

① 单击根元素以选中它。

② vue-devtools向我们显示了另一个变量，可以用它来访问控制台中的实例。

图 2.5　在 vue-devtools 中选择根实例，就会给实例动态分配一个变量并指向它

如图 2.5 所示，在树状视图中选择实例时，vue-devtools 将对实例的引用赋以$vm0 变量。可以像使用 webstore 变量一样使用$vm0 变量。尝试在 JavaScript 控制台中使用$vm0 变量，查看 Vue 根实例。

为什么需要多种引用方式？

拥有两种方法来访问同一个实例可能看起来是多余的，但同时拥有两种方法有时会很有帮助。

当我们将 Vue 根实例分配给全局变量 webstore 时，我们给自己提供了一种方法，可以在页面上的其他 JavaScript 代码中引用应用程序。这样做允许我们与其他库、框架或我们自己的代码集成，这些代码可能需要引用应用程序。

分配给$vm0 变量的 Vue 实例反映了在 vue-devtools 中进行的当前选择。当应用程序由数百甚至数千个实例组成时，以声明方式分配每个实例是不切实际的，因此在观察和调试这样一类复杂的应用程序时，拥有一种访问以编程方式创建的特定实例的方法是必不可少的。

2.1.3　在视图中显示内容

下面在应用程序模板中显示来自应用程序实例的数据，使它富有活力。请记住，我们的 Vue 实例使用 DOM 元素作为应用程序模板的基础。

首先，添加网络商店的名称。这将演示如何向 Vue 构造函数传递数据，以及如何将数据绑定到视图上。在以下代码清单 2.2 中，将更新代码清单 2.1 中的应用程序代码。

代码清单 2.2　增加数据和数据绑定：chapter-02/data-binding.html

```html
<html>
  <head>
    <title>Vue.js Pet Depot</title>
    <script src="https://unpkg.com/vue"></script> </head>
  <body>
    <div id="app">
    <header>
      <h1 v-text="sitename"></h1>           ←──┐  一个 header 元素被
    </header>                              ←──┘  添加到 div 元素中
    </div>
    <script type="text/javascript">
      var webstore = new Vue({
        el: '#app', // <=== Don't forget this comma!
        data: {                        ←──┐  在 Vue options 中
          sitename: 'Vue.js Pet Depot'  ←──┘  添加 data 对象
        }
      });
    </script>
  </body>
</html>
```

sitename 属性的数据绑定

绑定到 header 的 sitename 属性

我们已经将 data 对象添加到 options 中，并传递给 Vue 构造函数。data 对象包含了 sitename 属性，该属性包含网络商店的名称。

我们的站点名称需要有归宿，所以我们还在应用程序的根元素 div 的内部标签中添加了一个 header 元素。在标题元素<h1>上，我们使用了数据绑定元素指令 v-text="sitename"。

指令 v-text 将会以字符串形式展现它所引用的属性。在本例中，一旦我们的应用程序启动并运行，我们应该可以看到一个标题，其中显示了文本"Vue.js Pet Depot"。

如果需要在一个较长字符串的中间显示属性值，可以使用 Mustache 语法 {{ property-name }}来绑定属性。如果要在句子中包含网上商店的名称，可以写成这样：<p>Welcome to {{ sitename }}</p>。

提示　Vue 只是借用了 Mustache 中的{{ ... }}语法来进行文本插值，并不支持完整的 Mustache 定义。如果对它的来源好奇，可访问在线手册 https://mustache.github.io/mustache.5.html。

完成数据绑定后，让我们看看新标题在浏览器中的样子。

2.1.4　检查 Vue 中的属性

当在 Chrome 中重新加载应用程序时，你应该能看到标题般醒目显示的 sitename
属性值，如图 2.6 所示。标题的视觉外观由 chapter-02/assets/css/app.css 文件中的样式
决定。我们将使用样式表和 Bootstrap 来设计我们的应用程序。如果想修改标题的外
观，请打开样式文件并找到样式 header h1。

图 2.6　sitename 属性值显示在网络商店的标题中

在初始化应用程序时，Vue 会自动为 data 对象的每个属性创建 getter 和 setter 函
数。这使我们能够在不编写任何额外代码的情况下获取任何实例属性的当前值或设置
新值。要查看这些函数的运行情况，可首先通过 getter 函数打印 sitename 属性的值。

如图 2.7 所示，sitename 属性的 getter 和 setter 函数暴露在应用程序实例的根级
别。这使我们能够从 JavaScript 控制台或通过与应用程序交互的任何其他 JavaScript
访问 sitename 属性。

① 如果切换到vue-devtools并选择根实
例，则还可以看到sitename属性。

② 还可以看到getter和setter函数，这些
是Vue检查webstore实例后自动公开的函
数(可能需要滚动才能看到) 。

③ 在JavaScript控制台中，可以使用点表示
法访问属性，打印webstore.sitename的值。

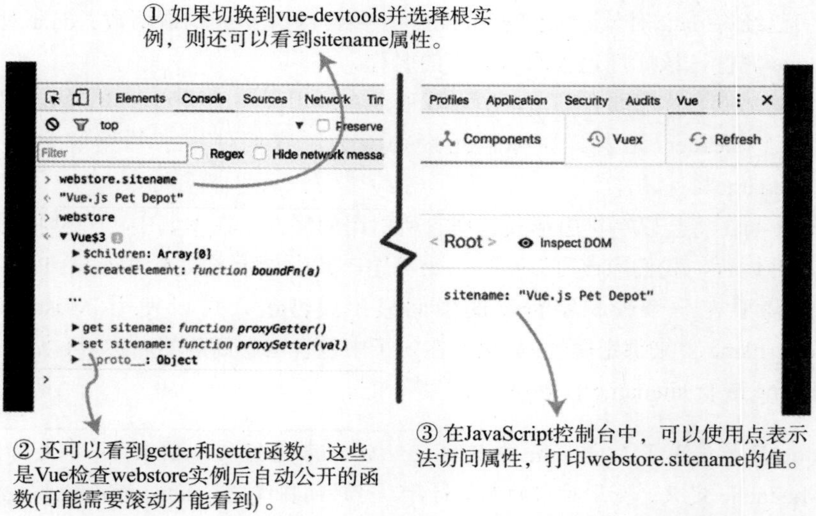

图 2.7　使用控制台和 vue-devtools 可以查看 sitename 属性

当选择<root>实例时，还可在 vue-devtools 中看到列出来的属性。现在让我们来
看看，当使用 setter 函数在 JavaScript 控制台中设置 sitename 属性的值时，图 2.8 中会
发生什么。

一旦为 sitename 属性提供一个新值并按下回车键，header 元素中的输出就会自动更新，这就是 Vue 的事件循环(event loop)。让我们再看一下 Vue 生命周期，看看我们的数据变更如何以及何时触发对视图的更新。

② 当更新sitename属性的值时，视图中的数据绑定将自动反映此更改。

① 可以使用getter函数打印sitename属性的值，并使用setter函数设置为新值。

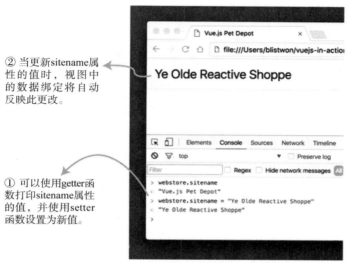

图 2.8　使用 Vue 的 getter 和 setter 函数可以分别获取和更新 sitename 属性的值

2.2　Vue 生命周期

当 Vue 应用程序首次实例化时，它会经历一系列事件，这个过程被称为 Vue 生命周期。虽然长时间运行的 Vue 应用程序可能会花费大部分时间在事件循环中，但是当首次创建应用程序时，大部分繁重工作都是由库本身产生的。让我们鸟瞰一下图 2.9 中的 Vue 生命周期。

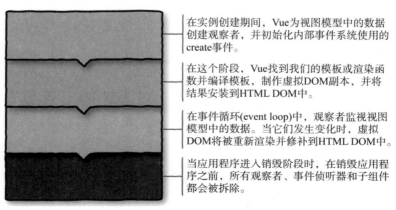

在实例创建期间，Vue为视图模型中的数据创建观察者，并初始化内部事件系统使用的create事件。

在这个阶段，Vue找到我们的模板或渲染函数并编译模板，制作虚拟DOM副本，并将结果安装到HTML DOM中。

在事件循环(event loop)中，观察者监视视图模型中的数据。当它们发生变化时，虚拟DOM将被重新渲染并修补到HTML DOM中。

当应用程序进入销毁阶段时，在销毁应用程序之前，所有观察者、事件侦听器和子组件都会被拆除。

图 2.9　Vue 生命周期的四个阶段

每个阶段都建立在前一阶段的基础之上，以创建 Vue 生命周期。你可能想知道虚拟 DOM 是什么以及渲染功能如何运作。虚拟 DOM 是一个表示 DOM 的轻量级抽象。它模仿通常通过浏览器才能访问的 DOM 树。相比浏览器特定的 DOM，Vue 可以更快地更新虚拟 DOM。渲染功能是 Vue 向用户显示信息的方式。有关 Vue 实例和生命周期钩子的更多信息，请查看 https://vuejs.org/v2/guide/instance.html 上的官方指南。

2.2.1   添加生命周期钩子

为了查看应用程序实例何时经历生命周期的不同阶段，可以为 Vue 的生命周期钩子编写回调函数。下面参照代码清单 2.3，更新主应用程序文件(index.html)中的代码。

信息   钩子是一个被"钩"到 Vue 库代码的某一部分的函数。每当 Vue 在执行期间到达代码的那一部分时，就会调用你定义的函数；或者如果没有任何事情做的话，可以继续。

代码清单 2.3   将生命周期钩子添加到我们的实例中：chapter-02/life-cycle-hooks.js

```
var APP_LOG_LIFECYCLE_EVENTS = true;          ◄──── 一个变量，用于启
                                                    用或禁用回调
var webstore = new Vue({
  el: "#app",
  data: {
    sitename: "Vue.js Pet Depot",
  },
  beforeCreate: function() {
    if (APP_LOG_LIFECYCLE_EVENTS) {
      console.log("beforeCreate");             ◄──── 记录 beforeCreate 事件
    }
  },
  created: function() {
    if (APP_LOG_LIFECYCLE_EVENTS) {
      console.log("created");                  ◄──── 记录 created 事件
    }
  },
  beforeMount: function() {
    if (APP_LOG_LIFECYCLE_EVENTS) {
      console.log("beforeMount");              ◄──── 记录 beforeMount 事件
    }
  },
  mounted: function() {
    if (APP_LOG_LIFECYCLE_EVENTS) {
      console.log("mounted");                  ◄──── 记录 mounted 事件
    }
  },
```

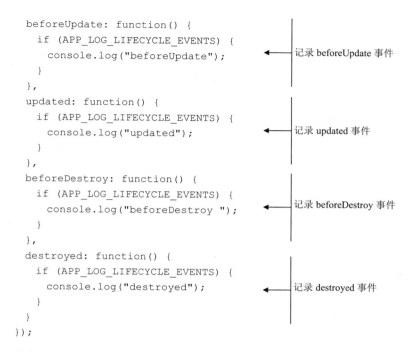

```
beforeUpdate: function() {
  if (APP_LOG_LIFECYCLE_EVENTS) {
    console.log("beforeUpdate");        ◀── 记录 beforeUpdate 事件
  }
},
updated: function() {
  if (APP_LOG_LIFECYCLE_EVENTS) {
    console.log("updated");             ◀── 记录 updated 事件
  }
},
beforeDestroy: function() {
  if (APP_LOG_LIFECYCLE_EVENTS) {
    console.log("beforeDestroy ");      ◀── 记录 beforeDestroy 事件
  }
},
destroyed: function() {
  if (APP_LOG_LIFECYCLE_EVENTS) {
    console.log("destroyed");           ◀── 记录 destroyed 事件
  }
}
});
```

在代码清单 2.3 中，首先你会注意到的是我们定义了一个变量 APP_LOG_
LIFECYCLE_EVENTS，我们可以用它来启用或禁用生命周期事件的记录。我们在 Vue
实例之外定义这个变量，因此它可以全局地被根实例或我们稍后编写的任何子组件使
用。此外，如果我们在应用程序实例中定义它，它将在 beforeCreate 回调中不可用，
因为那时它尚未创建！

> 注意　APP_LOG_LIFECYCLE_EVENTS 使用的是通常为常量定义保留的大写语法，
> 当在本书后面开始使用 ECMAScript 6 时，我们将使用 const 特性来创建常量。
> 提前规划，这样就不必进行任何查找和替换来更改其余代码中的名称。

代码清单 2.3 中的其余部分定义了当经历每个生命周期事件时做记录的函数。下
面重温一下我们在 JavaScript 控制台中对 sitename 属性的探索，看看 Vue 生命周期中
会发生什么。

2.2.2　探索生命周期代码

如果在 Chrome 中打开 JavaScript 控制台并重新加载应用程序，就会立即看到
几个回调函数的输出，如图 2.10 所示。

正如你所期待的那样，当 Vue 创建并挂载我们的应用程序时，前四个生命周期钩
子会被触发。如果要测试其他钩子，我们需要通过 JavaScript 控制台稍微做一些交互。
首先，为我们的网站设置一个新名称来触发更新回调。图 2.11 显示了如何完成此操作。

JavaScript控制台显示生命周期钩子的输出

图 2.10　可在 JavaScript 控制台中看到一些生命周期钩子的输出

更改sitename属性

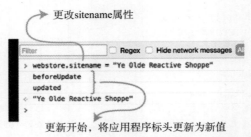

更新开始，将应用程序标头更新为新值

图 2.11　设置 sitename 属性会触发更新生命周期回调

当更改 sitename 属性时，更新周期将启动，应用程序标头中的数据绑定将更新为新值。

为了触发最后两个生命周期钩子，我们要调用 $destroy 方法(不用担心，我们可以反复重新加载应用程序)。

提示　可以使用 $ 前缀在实例上使用 Vue 创建的特殊方法。可以访问 https://vuejs.org/v2/api/#Instance-MethodsLifecycle 上的 API 文档，获取有关 Vue 的生命周期实例方法的更多信息。

最后的两个钩子通常用于应用程序或组件中的清理活动。如果应用程序创建了第三方库的实例，应该调用该库的拆卸(teardown)代码，或者手动销毁对它们的任何引用，这样就可避免泄漏分配给应用程序的内存。图 2.12 显示了调用 $destroy() 实例方法将如何触发 destroy 钩子。

更改sitename属性

触发destroy钩子

图 2.12　调用 destroy 实例方法会触发最后一对生命周期回调

2.2.3　是否保留生命周期代码

生命周期钩子提供了一种很好的方式来查看应用程序运行时发生了什么，但首先要承认：将消息记录到 JavaScript 控制台需要重复且冗长的代码。这些代码相当笨重，所以我们不会在这里的代码清单中包含这些调试功能，但偶尔会使用生命周期钩子来探索应用程序本身的新行为或功能原理。

如果保留了这些钩子，并且觉得控制台的输出太嘈杂，就可以将 APP_LOG_LIFECYCLE_EVENTS 设置为 false 来禁用日志记录。请记住，可通过更改 index.html 中的值来完全禁用它们，也可以使用 JavaScript 控制台在运行时设置该值来临时切换日志记录。

2.3　显示商品

显示网络商店的名称是一个良好的开端，但在继续学习之前，应该再介绍一些在标签中显示数据的知识。我们的网上商店将以多种形式显示商品：列表、网格、特色商品以及各商品自己的页面。在我们设计和标记每个视图时，将继续使用相同的数据，但将使用 Vue 的功能以不同方式对每种显示进行操作，而不会更改基础数据或结构。

2.3.1　定义商品数据

目前，我们只显示单个商品，参见代码清单 2.4，在 data 对象中添加示例商品。

代码清单 2.4　将商品数据添加到 Vue 实例：chapter-02/product-data.js

```
data: {
  sitename: "Vue.js Pet Depot",          代表商品数据的对象
  product: {
    id: 1001,
    title: "Cat Food, 25lb bag",
    description: "A 25 pound bag of <em>irresistible</em>,"+    商品的属性就
                "organic goodness for your cat.",              是 product 对象
    price: 2000,                                               中的属性
    image: "assets/images/product-fullsize.png"
  }
},
```

将 product 对象添加到 data 选项是相对简单的：

- id 属性用于唯一标识商品。如果添加更多商品，id 属性的值将自增长。
- 尽管 title 和 description 属性都是字符串型，但描述中可能包含 HTML 标签。当我们在商品标签中显示每个值时，将会看一下这些属性都是什么意思。

- price 属性以整数表示商品的成本。这简化了我们稍后将要执行的计算，并且这种格式避免了在数据库中将值存储为浮点数或字符串时发生的、潜在的、具有破坏性的类型转换。
- image 属性提供了商品主图像文件的路径。我们将在这个问题上进行相当多的迭代，所以，如果在这里看到一条硬编码的路径让你感到紧张，放轻松，因为我们会继续探索更好的选择。

有了数据，现在让我们的视图加快速度。

2.3.2 添加商品视图标签

现在我们可以专注于如何将商品相关标签添加到 HTML 标签中。在 header 元素的下面，我们将添加 main 元素作为应用程序内容的主要容器。main 元素(<main>)是 HTML5 的新增内容，用于在网页或应用程序中指定主要内容。

信息　请访问 www.quackit.com/html_5/tags/html_main_tag.cfm，以获取有关 main 元素(及其他元素)的更多信息。

商品布局使用两列，以便将商品图像显示在商品信息的旁边(参见图 2.13)。我们的样式表(chapter-02/assets/css/app.css)已经定义了所有列的样式，因此只需要在标签中指定适当的类名，参见代码清单 2.5。

代码清单 2.5　添加商品标签：chapter-02/product-markup.html

```
<main>
  <div class="row product">
    <div class="col">
      <figure>
        <img v-bind:src="product.image">    ◀── 使用 v-bind 指令将商品的图像路
      </figure>                                    径绑定到 img 标签的 src 属性
    </div>
    <div class="col col-expand">
      <h1 v-text="product.title"></h1>
      <p v-text="product.description"></p>       使用 v-text 指令显示
      <p v-text="product.price" class="price"></p>   其他商品属性
    </div>
  </div>
</main>
```

你会立即注意到，在数据绑定中使用了 JavaScript 点表示法。因为 product 是一个对象，所以必须为每个数据绑定提供某个属性的完整路径。大部分商品数据(标题、描述和价格)的属性都用 v-text 指令绑定，就像在 header 中绑定 sitename 属性一样。

① 商品描述未被解释为HTML。

② 价格未格式化。

图 2.13　商品已经显示，但还有些事项需要清理

商品的图像路径引入了属性绑定(attribute binding)。我们使用 v-bind 指令，因为元素属性不能使用简单的文本插值进行绑定。可以使用 v-bind 指令绑定任何有效的元素属性，但重要的是要注意样式、类名和其他场景的特殊情况，我们将在后续章节中详细介绍。

注意：可使用 v-bind 指令的简写形式。每次需要使用 v-bind 时，无须输入 v-bind 就可以使用:来代替，使用:src=" ... "替代 v-bind:src=" ... "。

在数据绑定中使用表达式

不需要将数据绑定限制为数据属性。Vue 允许我们在任何数据绑定中使用任何有效的 JavaScript 表达式。参见代码清单 2.5 中的部分示例：

```
{{ product.title.toUpperCase() }} -> CAT FOOD, 25LB BAG
{{ product.title.substr(4,4) }} -> Food
{{ product.price - (product.price * 0.25) }} -> 1500
<img :src="product.image.replace('.png', '.jpg')"> -> <img src=" //assets/
images/product-fullsize.png">
```

尽管以这种方式使用表达式很方便，但它在视图中引入了逻辑，把逻辑留在应用程序或负责视图数据的组件的 JavaScript 代码中几乎总是更好的。此外，像这样的表达式使得很难推断应用程序的数据操作位置，特别是当应用程序的复杂性增加时。

通常，在应用程序中将功能正式化之前，使用内联表达式(inline expression)是检验内容的好方法。

2.4 节和后续章节将介绍如何在不影响视图或应用程序数据的完整性的情况下，从现有值中操作、过滤和派生数据的最佳实践。如果想了解有关什么是表达式的详细信息，请访问 https://vuejs.org/v2/guide/syntax.html#Using-JavaScript-Expressions。

下面切换到 Chrome，重新加载页面，并确认商品信息按设计显示。

另外，还有两件事情要完成：

- 商品描述以字符串形式输出，描述中嵌入的 HTML 标签并没有被解析。
- 商品的价格(整数 2000)显示为字符串形式而不是格式化的美元金额。

下面先完成第一件事情。我们需要的是 HTML 指令，所以让我们更新商品标签，这里使用的是 v-html 绑定，以按预期输出商品描述。

代码清单 2.6　添加商品标签：chapter-02/product-markup-cont.html

```html
<main>
  <div class="row product">
    <div class="col">
      <figure>
        <img v-bind:src="product.image">
      </figure>
    </div>
    <div class="col col-expand">
      <h1 v-text="product.title"></h1>
      <p v-html="product.description"></p>      ← 使用 HTML 指令将商品描述输出
      <p v-text="product.price" class="price"></p>    为 HTML 而不是纯文本
    </div>
  </div>
</main>
```

在 Chrome 中重新加载应用程序，现在商品描述的内容应该呈现为 HTML，并且强调标签应该将"irresistible"一词置为斜体，如图 2.14 所示。

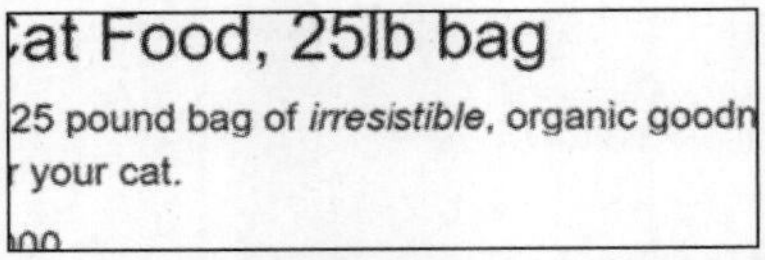

图 2.14　使用 v-html 绑定以 HTML 形式显示商品描述

v-html 绑定将以 HTML 形式呈现绑定属性。这很方便，但应当谨慎使用，并且只有在绑定值可以信任时才使用。接下来需要完成第二件事情。

跨站脚本攻击

当编写代码将 HTML 直接插入视图时，就将应用程序暴露给了跨站脚本(XSS)攻击。

简单而言，如果怀有恶意的用户访问我们的网站并使用尚未消毒的表单将恶意 JavaScript 保存到我们的数据库中，那么当我们将代码输出到 HTML 时，就会受到攻击。

一般而言，最佳实践要求我们至少应遵循有关 HTML 和内容的如下基本原则：

- 仅在内容可信赖的时候使用 HTML 插值进行输出。
- 在使用 HTML 插值时，永远不要输出来源于用户的内容，无论内容经过多么仔细的检查。
- 如果绝对需要，请尝试使用具有自己模板的组件来实现功能，而不是在文本输入中允许 HTML 元素。

有关 XSS 的全面、清晰的概述，请从 https://excessxss.com/ 上的文章开始。为了更深入地了解每个漏洞的攻击和示例代码，请参阅 OWASP wiki，网址为 www.owasp. rg/index.php/Cross-site_Scripting _(XSS)。

2.4　运用输出过滤器

剩下要做的就是以熟悉的格式显示商品价格，而不是使用原始的整数格式。输出过滤器允许我们在标签中显示商品价格前将格式应用于属性值。输出过滤器的一般格式是{{ property | filter }}。在我们的例子中，我们希望商品价格被格式化为$20.00 而不是 2000。

2.4.1　编写过滤器函数

输出过滤器(Output Filter)就是接收实参，然后执行格式化任务，最后返回格式化输出值的函数。当用作文本插值的一部分时，传递给过滤器的就是我们要绑定的属性。

所有的输出过滤器都驻留在传递给 Vue 实例的 options 的 filters 对象中，因此我们将在下面的代码清单 2.7 中添加价格格式化过滤器。

代码清单 2.7　添加过滤器：chapter-02/format-price.js

```
var webstore = new Vue({
  el: '#app',
  data: { ... },
  filters: {                                    // filters 选项包含输出过滤器
    formatPrice: function(price) {              // formatPrice 接收一个整数，然后格式化成 price 值
      if (!parseInt(price)) { return ""; }      // 如果无法获得整数，请立即返回
      if (price > 99999) {
        var priceString = (price / 100).toFixed(2);   // 将值转换为两位小数
        var priceArray = priceString.split("").reverse();
        var index = 3;
        while (priceArray.length > index + 3) {        // 每三位添加逗号
          priceArray.splice(index+3, 0, ",");
          index += 4;
        }
        return "$" + priceArray.reverse().join("");    // 返回格式化的值
      } else {
        return "$" + (price / 100).toFixed(2);         // 如果小于$1000，则返回格式化的两位小数值
      }
    }
  }
```

```
    }
});
```

函数 formatPrice 接收一个整数并返回一个格式化为美元金额的字符串。通常，它会返回类似于$12,345.67 的值。根据提供的整数的大小，函数有以下分支：

1) 如果输入大于 99 999(相当于$999.99)，输出将要求在小数点左侧的每三位数字处使用逗号，因此我们需要相应地进行处理。

2) 否则，可以使用.toFixed 来转换输入并返回，因为不需要逗号。

注意　你可以找到大量更高效、简洁或任何质量(依赖于搜索)的方法来格式化美元金额。在这里，我试图倾向于清晰明了而不是权宜之计。如果要深入了解问题的复杂程度以及有多少个解决方案，请深入阅读 http://mng.bz/qusZ 上的文章。

2.4.2　将过滤器添加到我们的标签并测试不同的值

要使用新的过滤器功能，需要将其添加到商品价格的绑定中，还需要更新价格绑定以使用 Mustache 样式的绑定来应用过滤器，如代码清单 2.8 所示。过滤器不能与 v-text 绑定语法一起使用。

代码清单 2.8　添加商品标签：chapter-02/v-text-binding.html

```
<main>
  <div class="row product">
    <div class="col">
      <figure>
        <img v-bind:src="product.image">
      </figure>
    </div>
    <div class="col col-expand">
      <h1>{{ product.title }}</h1>
      <p v-html="product.description"></p>
      <p class="price">
        {{ product.price | formatPrice }}        使用新的输出过滤
                                                  器格式化商品价格
          </p>
    </div>
  </div>
</main>
```

请记住，与过滤器的绑定具有通用形式{{ property | filter }}，所以我们相应地更新价格绑定为{{ product.price | formatPrice }}。

切换回 Chrome，刷新，然后就可以看到格式化的价格，如图 2.15 所示。

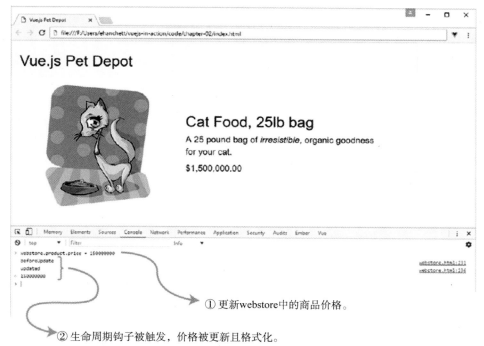

图 2.15　价格格式化过滤器会在显示 price 属性的值时添加美元符号和相应的标点符号

　　如果在控制台中修改数据，就可以看到过滤器如何实时应用于不同的商品价格。要尝试不同的值，请打开控制台并使用诸如 webstore.product.price = 150000000 之类的语句设置 product.price 的值。

　　图 2.16 显示了商品价格更新后将会发生的情况。一定要尝试小值(< 100)和大值(> 10000000)，以确保格式化正确。

① 更新webstore中的商品价格。

② 生命周期钩子被触发，价格被更新且格式化。

图 2.16　更新商品价格会触发生命周期事件(如果仍然启用它们的话)以及对价格的更新，对价格的更新现在可通过过滤器函数进行

2.5　练习题

　　运用本章介绍的知识回答下面的问题：

　　在 2.4 节中，我们为价格创建了一个过滤器。你还能想到其他可能有用的过滤器吗？

请参阅附录 B 中的解决方案。

2.6 本章小结

- Vue 使你能够为应用程序添加交互性。
- 任何时候都可以通过 Vue 生命周期来执行某些功能。
- Vue.js 提供了强大的过滤器,以协助我们以某种方式显示信息。

第 II 部分

视图与视图模型

　　本书的重点就在于视图(View)与视图模型(ViewModel)部分。这些章将深入地介绍 Vue 以及构成 Vue 应用程序所需要的所有元素和部件。我们将从基础开始,逐步为我们的应用程序添加交互性,然后转到表单与输入框、条件语句和循环。

　　我们将在第 6 章和第 7 章中深入研究组件,这两章包含几个最重要的概念。这些确实是应用程序的基石。首先将介绍单文件组件,它是 Vue.js 工具套装中的一个强大工具。

　　最后两章(第 8 章和第 9 章)将介绍转场(Transition)、动画(Animation)以及如何扩展 Vue。这将使我们的应用程序更高效,看起来更漂亮。

第 *3* 章

增加交互性

本章涵盖:
- 通过计算属性获取数据
- 将事件绑定添加到 DOM
- 在 Vue 生命周期更新期间观察数据
- 响应用户交互
- 按条件渲染标签

不管信不信,第一件商品已经就绪,我们已经准备好为网络商店添加一些互动。

向应用程序添加交互性就是绑定 DOM 事件,在应用程序代码中响应事件,并向用户提供因操作事件而产生的反馈。Vue 为我们创建并管理所有事件和数据绑定,但是我们需要做出决策,确定如何在应用程序中操作数据以及如何在我们的界面中满足用户的期望。

我们将开始用户交互的探索之旅,首先让用户可以将商品添加到购物车中,在此过程中还将了解我们的工作如何适应 Vue 应用程序的整体情况。

想要大致了解本章的内容，可以查看图 3.1，图 3.1 显示了当我们完成本章所有工作后应用程序的外观。

图 3.1　商品列表包含新元素：购物车和 Add to cart 按钮

3.1　购物车数据，从添加一个数组开始

在构建任何超酷的购物车功能之前，在应用程序实例中需要有容器来容纳所有这些商品。幸运的是，在这个阶段我们所需要的只是一个简单的数组，可以把商品放入其中。

我们已经将代码分解成小的片段，类似于我们在上一章中采用的方式。你需要将这些代码片段添加到上一章创建的 index.html 文件中，以继续完成我们的应用程序。如有必要，也可以随时下载本章的代码。

代码清单 3.1　只需要一个数组：chapter-03/add-array.js

```
data: {
  sitename: "Vue.js Pet Depot",
  product: {
    id: 1001,
    title: "Cat Food, 25lb bag",                         我们现有的商品数
    description: "A 25 pound bag of <em>irresistible</em>,  据，以供引用
                 organic goodness for your cat.",
    price: 2000,
    image: "assets/images/product-fullsize.png",
  },
  cart: []                          ◄──── 用于保存购物车数据的数组
},
...
```

这样我们的购物车就完成了。但严肃地说，这个简单的数组使我们迈进了一大步，

但最终我们将创建一个购物车组件，在其内部进行内容管理。

注意 在添加购物车数组前，需要在代码清单 3.1 中的 product 之后添加一个逗号。如果忘记添加，将在控制台中抛出错误，这是一个常见的问题(一个我很熟悉的错误)。

3.2 绑定到 DOM 事件

为了向应用程序添加交互，需要将 DOM 元素与 Vue 实例中定义的函数绑定在一起。可以使用事件绑定(event binding)将元素绑定到任何标准 DOM 事件：单击事件、鼠标事件、键盘事件等。Vue 负责帮我们完成这些绑定，因此我们可以专注于应用程序如何响应事件。

3.2.1 事件绑定基础

事件绑定使用 v-on 指令将 JavaScript 片段或函数绑定到 DOM 元素，如图 3.2 所示。触发指定的 DOM 事件时，执行绑定的代码或函数。

图 3.2　事件绑定的语法

以下是两种常见的 JavaScript 事件绑定模式：

1) 使用函数名称，将事件与实例中定义的函数绑定在一起。如果有这样一个绑定，例如 v-on:click="clickHappened"，当单击元素时就会调用 clickHappened 函数。

2) 可以编写作用于公开属性的内联 JavaScript。在这种情况下，类似于 v-on:keyup="charactersRemaining -= 1"的绑定将会使 charactersRemaining 属性减 1。

上述每种模式都在应用程序中占有一席之地，但首先将考虑使用函数来处理事件。

注意 v-on 指令有一种简写形式。不必使用 v-on，可以使用@符号替换。例如，如果想写 v-on:click="...",可以用@click="..."替换。我们稍后会在本书中使用这种简写形式。

3.2.2 将事件绑定到 Add to cart 按钮

客户需要一个按钮，从而将商品添加到购物车。我们将指示 Vue 将该按钮的单击事件绑定到一个函数，该函数负责将商品添加到 cart 数组中。

　　在添加按钮标签之前，应该先编写函数。为此，需要在应用程序的选项中添加 methods 对象。我们在 filters 对象的后面添加了相关代码(不要忘记 filters 对象后的逗号)，参见代码清单 3.2。

代码清单 3.2　addToCart 函数：chapter-03/add-to-cart.js

```
methods: {
  addToCart: function() {
    this.cart.push(this.product.id);
  }
}
```

定义 addToCart 函数

methods 对象包含我们的新函数

　　目前，将商品添加到购物车就是将商品数据中的 id 属性添加到 cart 数组中。请注意，需要使用 this 关键字才能访问所有数据属性。

向队列添加 id 而不是对象

　　在代码清单 3.2 中，使用 this.cart.push(this.product.id)将整个 product 对象推送到 cart 数组中似乎更简单；但假如我们这样做了，事情会变得有点棘手。因为 JavaScript 既不是纯粹的引用传递(pass by reference)语言，也不是纯粹的复制传递(pass by copy)语言，因此需要通过一些练习才能知道何时会引用、何时会复制。

　　将整个 product 对象添加到 cart 数组中，会添加对 data 中定义的 product 对象的引用而不是副本。如果 data 中的商品定义发生了变化，当从服务器获取新的商品数据时，购物车中的商品就有可能会被替换，或者引用可能会变成 undefined。

　　通过将商品 id 添加到 cart 数组中，我们就添加了商品 id 的值而不是引用。如果商品定义发生更改，则 cart 数组中的值保持不变。

　　从技术上讲，JavaScript 是一种 call by sharing(分享传递)语言。可以在维基百科上找到 call by sharing 的简要说明及其与其他策略的比较，网址为 https://en.wikipedia.org/wiki/Evaluation_strategy#Call_by_sharing。

　　现在我们有了一个将商品添加到购物车的函数，因此可以继续添加按钮标签。在商品 div 中的价格标签之后，添加以下代码清单 3.3 中的按钮。

代码清单 3.3　用于添加商品到购物车的按钮：chapter-03/button-product.js

```
<button class="default"
  v-on:click="addToCart">
  Add to cart
</button>
```

将按钮的 click 事件绑定到 addToCart 函数

Add to cart 按钮

　　现在，当访问者单击 Add to cart 按钮时，将会调用 addToCart 函数。是时候试一下了。

切换到 Chrome，确保控制台已打开，并切换到 Vue 选项卡，我们想要查看添加到购物车中的数据。cart 数组应为空，因此，如果没有看到如图 3.3 所示的 Array[0]，请重新加载页面。

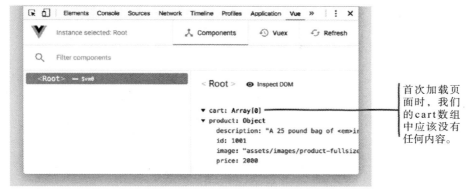

图 3.3　在我们添加任何商品前，cart 数组应是空的。如果 cart 数组不是空的，请重新加载页面

现在，单击几次 Add to cart 按钮。打开 vue-devtools 窗格，然后单击<Root>。你应该能看到，每次单击后商品的 id 都会被添加到 cart 数组中，如图 3.4 所示。

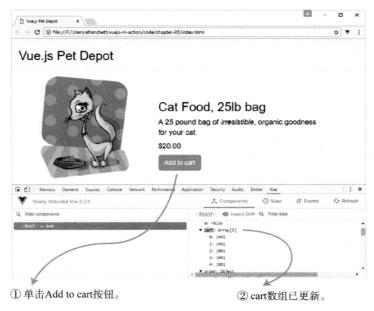

① 单击Add to cart按钮。　　　　　　　　　　② cart数组已更新。

图 3.4　添加商品到购物车后，cart 数组被填满了

使用 vue-devtools 或控制台来查看购物车中有多少商品对开发人员来说可能没问题，但顾客需要视图本身有所反馈。是时候添加一个计数器了。

3.3　添加购物车件数按钮并计数

我们将使用计算属性来显示购物车中的商品数量。计算属性可以像实例中定义的任何其他属性一样绑定到 DOM，通常它们提供从应用程序的当前状态派生出的新信息。此外，我们还会添加购物车件数按钮，用于显示我们的结账信息。

在向购物车添加商品计数功能之前，我们需要先全面地了解计算属性及其工作原理。

3.3.1　何时使用计算属性

考虑一下：将 data 对象中的属性视为我们存储到数据库中的数据，将计算属性视为动态值，主要在视图上下文中使用。这个描述可能过于宽泛，但却是一条好的首要经验法则。

让我们来看计算属性的一个常见示例：计算用户的全名，如代码清单 3.4 所示。将某人的姓氏和名字分开作为单独的实体存储在数据库中是非常合理的，存储全名通常是多余的并且容易犯错。但如果需要显示用户的全名，将现有数据中的姓氏和名字组合在一起就是计算属性的完美用例。

代码清单 3.4　计算用户的全名：chapter-03/computed.js

```
computed: {
  fullName: function() {
    return [this.firstName, this.lastName].join(' ');    函数 fullName 返回用户的名
  }                                                       字和姓氏，之间用空格间隔
}
```

函数 fullName 返回的结果在概念上等同于在我们的 data 对象中有一个 fullName 属性，这意味着我们可以在标签中轻松绑定它(参见图 3.5)。

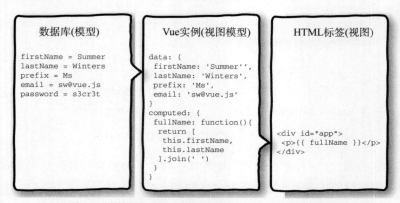

图 3.5　将数据集中用户的姓氏和名字组合成全名用于显示

使用计算属性的另一个附加好处是：我们可以更改函数的内部实现，在其中使用应用程序中的其他数据或附加数据。如图 3.5 所示，我们可以使用 prefix 属性为用户的全名添加更多礼貌称呼。

以这种方式使用计算属性时，我们可以组合或以其他方式操纵任何实例数据，而无须更改后端或数据库。

3.3.2　使用计算属性检查更新事件

由于计算属性通常使用实例数据计算，因此当依赖的数据更改时，它们的返回值会自动更新。绑定到计算属性的任何视图标签都将更新以反映新值。

此表现行为是优秀的 Vue 实例生命周期中更新周期的核心。下面通过另一个非常适合计算属性的任务示例，进一步了解更新周期的行为。参见代码清单 3.5，可根据矩形的长度和宽度计算矩形面积。

代码清单 3.5　计算矩形面积：chapter-03/computed-rect.js

```
new Vue({
  data: {
    length: 5,          data 对象包含了 length 和
    width: 3            width 属性
  },
    computed: {
      area: function() {
        return this.length * this.width;    area 是计算属性，与 data
      }                                     属性功能相同
    }
});
```

计算属性 area 的初始值为 15。随后对 length 或 width 属性的任何更改都会触发对应用程序的一系列更新：

(1) 当 length 或 width 属性的值发生改变时……

(2) 重新计算 area 计算属性……

(3) 然后，绑定到这些属性的所有标签被更新。

图 3.6 显示了应用程序的更新周期。

可以通过使用监视函数(watch function)来观察实例中的数据何时发生更改，以及通过使用 beforeUpdate 生命周期钩子(应该仅在数据更改之后执行)来查看生命周期的运转。

信息　监视函数与生命周期钩子的工作方式相同，但它们只在更新"被观察"数据时才会被触发。我们甚至可以创建监视函数来观察计算属性。

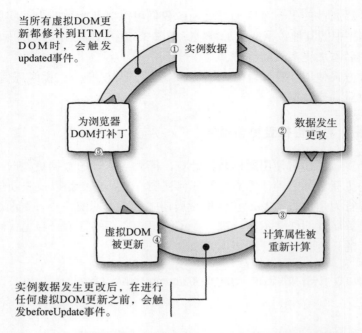

当所有虚拟DOM更新都修补到HTML DOM时，会触发updated事件。

① 实例数据

② 数据发生更改

③ 计算属性被重新计算

④ 虚拟DOM被更新

⑤ 为浏览器DOM打补丁

实例数据发生更改后，在进行任何虚拟DOM更新之前，会触发beforeUpdate事件。

图3.6 实例中的数据被更改后，会在应用程序的更新周期内触发一系列活动

代码清单 3.6 将矩形面积的计算放在一个完整的应用程序的上下文中。该应用程序包含三个监视函数，它们可以在 length、width 或 area 属性发生更改时将消息记录到控制台；还包含一个在更新周期开始时记录的函数。必须在 Vue 实例的 watch 选项中指定这些函数才能使它们生效。

提示 可以在本章的源代码文件 chapter-03/area.html 中找到这些代码。它们完全独立，因此可以直接在 Chrome 中打开。

代码清单 3.6 计算属性与更新事件日志：chapter-03/area.html

```html
<html>
<head>
    <title>Calculating Area - Vue.js in Action</title>
    <script src="https://unpkg.com/vue/dist/vue.js"
      type="text/javascript"></script>
</head>
<body>
  <div id="app">
    <p>
      Area is equal to: {{ area }}          用于显示area属性值
                                            的数据绑定
    </p>
    <p>
```

```
      <button v-on:click="length += 1">Add length</button>
      <button v-on:click="width += 1">Add width</button>
    </p>
  </div>
  <script type="text/javascript">
    var app = new Vue({
      el: '#app',
      data: {
        length: 5,
        width: 3
      },
      computed: {
        area: function() {
          return this.width * this.length;
        }
      },
      watch: {
        length: function(newVal, oldVal) {
          console.log('The old value of length was: '
                  + oldVal +
                  '\nThe new value of length is: '
                  + newVal);
        },
        width: function(newVal, oldVal) {
          console.log('The old value of width was: '
                  + oldVal +
                  '\nThe new value of width is: '
                  + newVal);
        },
        area: function(newVal, oldVal) {
          console.log('The old value of area was: '
                  + oldVal +
                  '\nThe new value of area is: '
                  + newVal);
        }
      },
      beforeUpdate: function() {
        console.log('All those data changes happened '
                  + 'before the output gets updated.');
      }
    });
  </script>
</body>
</html>
```

分别用于将 length 或 width 属性的值加 1 的按钮

length 和 width 属性的原始值

提供 area 计算属性

记录 length 属性发生变化的函数

记录 width 属性发生变化的函数

记录 area 计算属性发生变化的函数

beforeUpdate 生命周期钩子函数

当在 Chrome 中加载这个文件时，你会看到 area 计算属性的初始值为 15，如图 3.7 所示。确保控制台已打开，然后尝试单击按钮以触发更新周期。每当单击 Add length

按钮和 Add width 按钮时，控制台应记录有关应用程序数据的消息(参见图 3.8)。

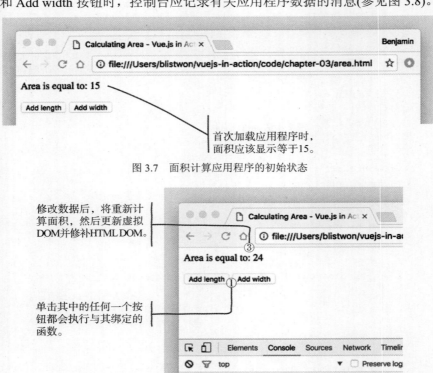

图 3.7　面积计算应用程序的初始状态

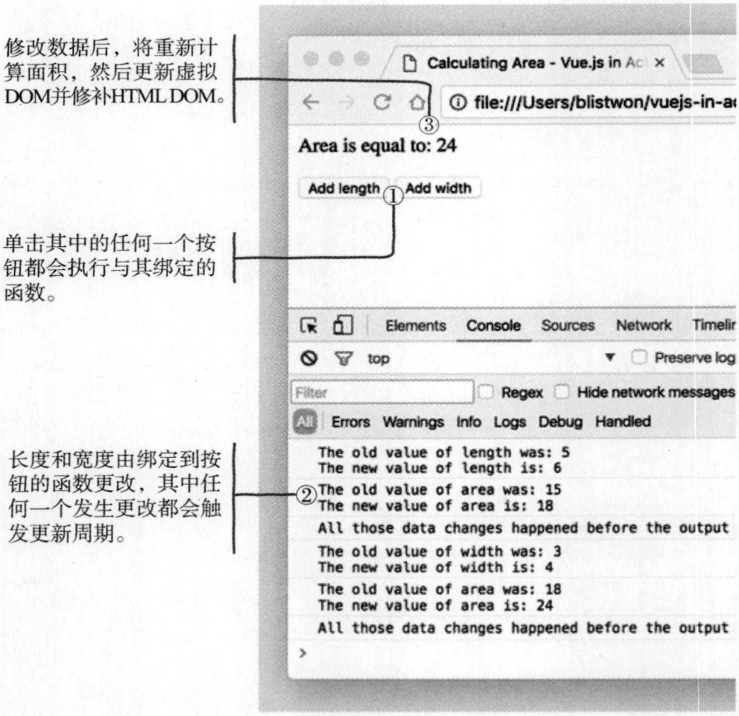

图 3.8　观察属性随着单击按钮而变化

现在我们已经了解了应用程序的行为，可以将代码清单 3.6 中的数据和函数对应到图 3.9 所示的更新周期图中。

最后要注意的是，如果从示例代码中删除{{ area }}绑定，然后在浏览器中重新加载页面，那么当单击其中任何一个按钮时，你将会看到控制台输出不同的结果(参见图 3.10)。

由于没有计算属性的输出，因此不再需要更新，所以没有理由进入更新周期。beforeUpdate 函数也不会被执行，相应的消息也不会被记录到控制台。

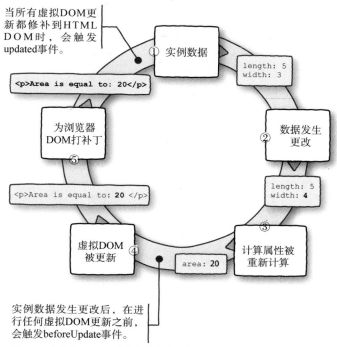

图 3.9 实例数据的更改会在应用程序的更新周期内触发一系列活动

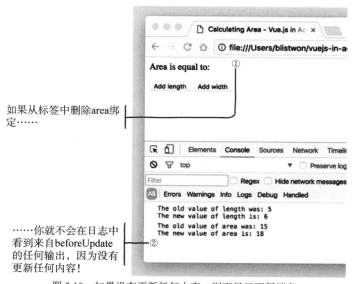

图 3.10 如果没有更新任何内容，则不显示更新消息

3.3.3 显示购物车商品计数及测试

现在我们已经很好地理解了计算属性，让我们再看看购物车示例。让我们在 Vue

实例中添加一个计算属性，该计算属性将显示购物车中的商品数，如下面的代码清单3.7 所示。不要忘记在 options 对象里添加一个 computed 对象，这样我们就有了添加计算属性的地方。

代码清单 3.7   cartItemCount 计算属性：chapter-03/cart-item-count.js

```
computed: {
  cartItemCount: function() {                      添加 computed 对象
    return this.cart.length || '';    返回 cart 数组的长度
  }
},
```

这是计算属性最直截了当的用法。我们使用现成的 JavaScript 属性——数组的 length 属性来获取需要的计数，因为实际上没有必要为购物车添加额外的计数机制。

这也是一个很好的例子，说明了为什么不适宜将这种数据作为属性存储在 data 对象中。因为 cartItemCount 的值是用户交互的结果，而不是来自数据库的东西，所以我们不希望在 data 对象中看到它。

值得注意的是，有时候 data 对象中可能存在这样的计数。例如，如果用户正在查看"历史订单"页面，则可能每个订单都会有商品计数。这与我们到目前为止的想法并不矛盾，因为在处理并保存订单后，数据将来自数据库。

功能到位后，我们准备在应用程序的标头部分添加一些 HTML，让我们摆放购物车并显示商品计数。更新标头部分的标签，如下代码清单 3.8 所示。

代码清单 3.8   添加购物车指示器：chapter-03/cart-indicator.html

```
<header>
  <div class="navbar navbar-default">
    <h1>{{ sitename }}</h1>
  </div>                                                        将购物车靠
  <div class="nav navbar-nav navbar-right cart">    右对齐
    <span
class="glyphicon glyphicon-shopping-cart">    用于显示计算属性
{{ cartItemCount }}</span>    的数据绑定
  </div>
</header>
```

我们在标头部分添加了一个新的 div 元素来摆放购物车，绑定 cartItemCount 来显示我们的计算属性的值。绑定被 span 元素包围，该元素用样式钩子在我们的计数器旁边添加了一个购物车图标。是时候试一下了。

在 Chrome 中重新加载网上商店应用程序后，单击 Add to cart 应该会导致计数器随每次单击而增加。你可以再次检查控制台中的 cart 数组，仔细检查计数是否正确(参见图 3.11)。

① 单击 Add to cart 按钮。

② webstore.cart 已更新。

图 3.11　观察应用程序标头部分的更改并在控制台中检查购物车

3.4　让我们的按钮具备用户直观功能

人们会带着各种各样的经验和期望，访问网站或使用 Web 应用程序。最根本的且根深蒂固的是，当交互元素的行为与预期不同时，会让人感到产品是零散的或无序的。用户直观功能(User Affordance)背后的想法是向用户提供视觉(或其他)提示及反馈，让我们的应用程序与他们的预期保持一致。

信息　有关用户直观功能及其在数字产品体验中的重要性的更多信息，可以访问 Interaction Design Foundation，网址为 http://mng.bz/Xv96。

我们现在有了一个按钮，可以让客户无限地将商品添加到他们的购物车中。限制客户可以购买的商品数量可能有很多原因：有限的库存、对每个客户的购买限制、数量折扣等。如果数量有限，则 Add to cart 按钮应在某些时候变得不可用，否则需要用其他方式来表示该操作不再可行。

要完成此任务，需要追踪可用库存，将其与购物车中的商品计数进行比较，并采取措施防止客户添加的商品数量超过可用商品数量。下面从追踪可用库存开始。

3.4.1　密切关注库存

为防止客户购买过多的特定商品，我们需要在 product 对象中添加新属性，如下面的代码清单 3.9 所示。availableInventory 属性将表示商店可售商品的数量。

代码清单 3.9　添加 availableInventory 属性：chapter-03/available-inventory.js

```
data: {
  sitename: "Vue.js Pet Depot",
  product: {
    id: 1001
    title: "Cat Food, 25lb bag",
    description: "A 25 pound bag of <em>irresistible</em>,
                  organic goodness for your cat.",
    price: 2000,
    image: "assets/images/product-fullsize.png",
    availableInventory: 5                          ◄──── 在其他商品数据的后面添加
  }                                                        availableInventory 属性
  cart: []
}
```

在最终确定购买时仍需要仔细检查商品是否可售，以防其他客户在交易过程中购买一个或多个相同的商品，但我们可以在应用程序中实施一个简单的解决方案，以最大限度降低因为隐藏或禁用 Add to cart 按钮让用户感到失望的概率。

警告　在交易、财务或其他方面，永远不要依赖客户的输入值。应用程序的后端应始终将传入的数据解释为表达用户的意图而不是现实。

3.4.2　使用计算属性和库存

我们不想改变 availableInventory 的值，因为它代表一个固定值，只能由管理实际库存的进程更新(我们将在本书的后面部分讨论)。但我们确实希望根据 availableInventory 的值来限制客户可以添加到购物车的商品的数量。

为此，我们需要一种方法来追踪顾客购物车中的商品数量相对于固定可售商品数量的关系。当客户将商品添加到购物车时，我们将使用计算属性实时执行此计算，参见代码清单 3.10。

代码清单 3.10　用于剩余库存的计算属性：chapter-03/computed-remaining.js

```
computed: {
  cartItemCount: function() {
    return this.cart.length || '';
  },                                   使用 canAddToCart      将 availableInventory 与购物车
  canAddToCart: function() {  ◄────   计算属性                里已有商品的计数进行比较
    return this.product.availableInventory > this.cartItemCount;  ◄───┘
  }
}
```

因为我们的代码可以像使用实例数据属性一样使用计算属性，所以有机会在另一

个计算属性中利用计算属性 cartItemCount。新的计算属性会检查可用库存是否大于购物车中已有商品的数量。如果不大于，则意味着客户已将最大数量的商品添加到购物车中，我们必须采取措施防止他们添加更多商品。

> **JavaScript 中的"真值"**
>
> 你可能已经意识到，在 JavaScript 中评估表达式的真值可能有点棘手。这里有一个快速示例，你可以在自己的控制台中进行尝试。
>
> 发生这种情况是因为 JavaScript 尝试"帮助"我们，在评估比较之前进行了类型转换。使用严格相等运算符===就会得到预期的 false 结果。
>
> 在 canAddToCart 函数中，使用大于运算符>来比较两个整数值。如果对这些值的出处或者它们实际上是否是整型有任何疑问，可以使用 parseInt 方法进行强制转换，或者确保值是整型。
>
> 关于 JavaScript 的类型转换和相等运算符的资料已经有很多，但最有启发性的参考可能是 https://dorey.github.io/JavaScript-Equality-Table/上关于该主题的一系列图表，一定要对比==和===标签。

3.4.3　指令 v-show 的基础知识

现在我们有了一种机制来确定客户是否可以执行 Add to cart 操作，并且在界面上做出相应的响应。当且仅当指定条件的计算结果为 true 时，v-show 指令才会呈现标签。如果我们的 canAddToCart 计算属性返回 false，将其添加到现有按钮会导致按钮从 DOM 中隐藏，如代码清单 3.11 所示。

代码清单 3.11　带有 v-show 指令的按钮：chapter-03/button-v-show.html

```
<button class="default"
  v-on:click="addToCart"
  v-show="canAddToCart"          ← v-show 指令被绑定到我们
  >Add to cart</button>            的 canAddToCart 计算属性
```

如果在 Chrome 中重新加载应用程序并尝试将六件商品添加到购物车中，则 Add to cart 按钮应在第五次单击时消失，这由 availableInventory 的值所致，如图 3.12 所示。

指令 v-show 与我们到目前为止遇到的其他指令的工作方式略有不同。当表达式求值为 false 时，Vue 将元素的 CSS 属性 display 设置为内联样式 none。这有效地隐藏了视图中的元素(及其内容)，尽管它仍然存在于 DOM 中。如果将表达式的结果稍后更改为 true，则会删除内联样式，再次向用户显示该元素。

① 购物车里有五件商品。

② Add to cart按钮已隐藏。

图 3.12   当耗尽可用库存时，隐藏 Add to cart 按钮

注意 此行为的一个副作用是，你所拥有的任何内联声明都将被覆盖。但是不要害怕，当 Vue 移除自己的 display:none 时，Vue 将恢复原始值。尽管如此，最好尽可能避免使用内联样式，最好使用样式表中的类定义。

另外要记住的一点是，v-show 指令在绑定到单个元素而不是几个相邻元素时最有效。代码清单 3.12 显示了一个示例。

代码清单 3.12   包含在 v-show 指令中的内容：chapter-03/wrap-content.html

```
// Avoid this
<p v-show="showMe">Some text</p>
<p v-show="showMe">Some more text</p>        避免在相邻的元素上使
<p v-show="showMe">Even more text</p>        用 v-show 指令

// Prefer this
<div v-show="showMe">
  <p>Some text</p>                            替代方案是，把相邻的元
  <p>Some more text</p>                       素包裹在一起并使用单
  <p>Even more text</p>                       个 v-show 指令
</div>
```

需要说明的是，整个应用程序中无论何时何地都可以使用 v-show。只要有可能，最好聚合多个对数据有相同反应的元素，以获得更好的性能并减少在更改时忘记保持所有元素最新的可能性。库存耗尽时删除 Add to cart 按钮肯定有效，但有点过激。让我们尝试另一种方式。

3.4.4   使用 v-if 和 v-else 显示被禁用的按钮

移除 Add to cart 按钮肯定能阻止顾客向购物车添加太多商品实例，但这样显

得有点粗暴。对顾客来说，不可操作的按钮能够提供更多信息，因为这不会破坏界面的连续性，并且会保留布局流。

指令 v-if 和 v-else 用于根据提供的表达式的真值显示两个选项中的一个。就像我们在前面的示例中所做的那样，我们将使用 canAddToCart 作为评估条件。

在图 3.13 中，你可以看到 v-if 指令的工作原理。如果 canAddToCart 为 true，则显示按钮，否则不显示。

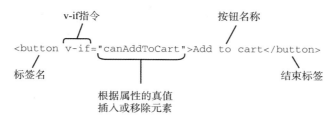

图 3.13　图解 v-if 指令如何依照条件工作

在代码清单 3.13 中，可以看到 v-if 和 v-else 指令是如何起作用的。

代码清单 3.13　带有 v-if 和 v-else 指令的按钮：chapter-03/v-if-and-v-else.html

```
<button class="default"
    v-on:click="addToCart"
    v-if="canAddToCart"
    >Add to cart</button>
```
当 canAddToCart 为真值时，
显示 Add to cart 按钮

```
<button class="disabled"
    v-else
    >Add to cart</button>
```
当 canAddToCart 为非真值
时，显示 Add to cart 按钮

当同时使用 v-if 和 v-else 时，需要在标签中包含两个元素，一个用于条件为真时，另一个用于条件为假时。此外，这两个元素需要在标签中直接列出其中一个，以便 Vue 正确绑定它们。

在代码清单 3.13 中，使用了两个不同的按钮元素：

- 如果 canAddToCart 返回 true，使用 addToCart 事件绑定和 CSS 类 default 渲染我们熟悉的按钮。
- 如果 canAddToCart 返回 false，会渲染无事件绑定的按钮，这样它就会变得不可单击，并且 CSS 类 disabled 使其外观也相应地改变。

这次，当在 Chrome 中使用应用程序时，按钮应该在你将第五件商品添加到购物车后，从激活状态切换到不可用状态，如图 3.14 所示。

有了 v-if 和 v-else 指令后，Vue.js 就可以从 DOM 中移除元素(条件为真)并从另一个中删除(条件非真)。所有这些都是作为对 DOM 的单一同步更新的一部分完成的。尝试通过在控制台中改动 availableInventory 的值，并密切关注这些元素的 display 属性。

Vue.js Pet Depot　　　　　　　　　　　　　　　5🛒 Checkout

Cat Food, 25lb bag

A 25 pound bag of *irresistible*, organic goodness
for your cat.

$20.00

Add to cart

→ 这个按钮被禁用了

图 3.14　使用 v-if 和 v-else 意味着可以渲染一个被禁用的按钮，而不是当库存耗尽时使其完全消失

与 v-show 指令一样，重要的是 v-if 和 v-else 指令也需要附加到元素中，特别是添加了 v-else 标签的元素必须保持与 v-if 标签相邻，如代码清单 3.14 所示。

代码清单 3.14　带有 v-if 和 v-else 的单个容器元素：chapter-03/single-container.html

```
// This won't work
<p v-if="showMe">The if text</p>
<p>Some text related to the if text</p>
<p v-else>The else text</p>

// Nor will this
<div>
  <p v-if="showMe">The if text</p>
</div>
<div>
  <p v-else>The else text</p>
</div>

// Instead, consider grouping
<div v-if="showMe">
  <p>The if text</p>
  <p>Some text related to the if text</p>
</div>
<div v-else>
  <p>The else text</p>
</div>
```

这样不会起作用，因为 v-if 和 v-else 被拆开到两个段落元素中

这样不会起作用，因为 v-if 和 v-else 不是相邻的两个标签

这样会起作用，因为将相关内容包裹到了同一个元素中，然后将 v-if 和 v-else 绑定到了这个元素上

这里的目标是确保给定条件的所有 DOM 元素都在同一个外层元素中，把它作为分组容器。稍后，我们将探索使用模板或组件来隔离条件标签的不同策略，从而大大简化主应用程序本身所需的标签量。

3.4.5　添加 Adding the cart 按钮用于切换

让我们为结账页面添加一个按钮。我们首先将新的方法和属性添加到我们的应用

程序中，参见代码清单 3.15。

代码清单 3.15　Adding the cart 按钮：chapter-03/cart-button.js

```
data: {
  showProduct: true,          ◄──── 这个属性追踪是
...                                  否显示商品页面
},
methods: {
...                                        单击 Adding the cart 按钮后，
  showCheckout() {            ◄────────── showCheckout 方法被触发
      this.showProduct = this.showProduct ? false : true;
  },                                        在 true 和 false 之间切
}                                           换的三元运算表达式
```

新的 showProduct 属性将切换结账页面的显示。让我们再详细地看一下。
showCheckout 方法通过在 JavaScript 中使用三元操作来切换 showProduct 属性。三元
条件运算符是 if 语句的快捷方式，它有三个参数。第一个参数是条件，在本例中是
this.showProduct。如果它解析为 true，则返回第一个表达式 false；否则返回最后一个
表达式 true。当需要创建快速条件语句时，三元条件运算符是一个有用的工具。

你可能已经注意到方法定义缺少 showCheckout()之后的 function()声明。ES6 也称为
ES2015，它允许以更短的方法定义语法。在本书的其余部分，将使用此语法作为方法定义。

现在需要将 Adding the cart 按钮添加到视图中，并将其绑定到 click 事件。

代码清单 3.16　Adding the cart 按钮：chapter-03/add-cart-button.html

```
<div class="nav navbar-nav navbar-right cart">
    <button type="button"
        class="btn btn-default btn-lg"
        v-on:click="showCheckout">        ◄──── click 事件被添加到 Adding
    <span                                       the cart 按钮上，用来触发
class="glyphicon glyphicon-shopping-cart">      showCheckout 方法
{{ cartItemCount}}</span>
    </span>
    Checkout
    </button>
    </div>
```

单击 Adding the cart 按钮时将触发 showCheckout 方法，从而导致 showProduct 方
法在状态之间切换或翻转。结账按钮非常重要，因为需要在某个地方提供结账信息。

3.4.6　使用 v-if 显示结账页面

我们的应用程序功能非常有限，它只在页面上显示一件商品。为了使其更完整，

我们需要另一个页面用来显示结账信息。我们可以用许多不同的方法来实现。在第 7 章中，我们将了解组件，组件为我们提供了一种方法，从而可以轻松地将应用程序分解为更小的可重用部分。这可能是添加结账页面的一种方法。

另一种方法是将视图包装在 v-if 指令中，并将其绑定到我们之前创建的 showProduct 属性。我们需要在 index 文件顶部的 main 和 div 元素之后添加 v-if 指令，如下面的代码清单 3.17 所示。

代码清单 3.17   使用 v-if 显示结账页面：chapter-03/v-if-checkout.html

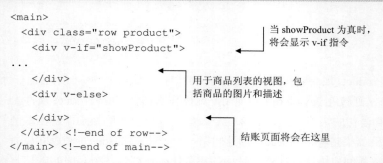

在本章的前面，我们创建了结账(Checkout)按钮。单击此按钮时，showProduct 属性将切换，从 true 切换为 false，或从 false 切换为 true。这将触发代码清单 3.17 中的 v-if 指令。或者显示我们在本章中创建的商品信息，或者显示空白屏幕，顶部只显示顶部导航(参见图 3.15)。

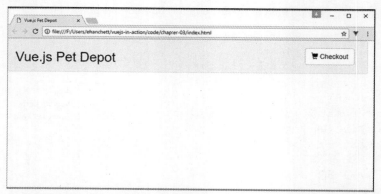

图 3.15   单击 Checkout 按钮后的网上商店的视图，再次单击 Checkout 按钮会显示商品页面

现在，不要为我们在图 3.15 中看到的空白页面担心。在下一章中研究不同类型的输入绑定时，我们将讨论这个问题。

3.4.7   对比 v-show 与 v-if/v-else

对于用户和开发人员来说，v-show 和 v-if/v-else 这两种技术各有优劣。我们知道，

v-show 指令使用 CSS 来隐藏或显示元素，而 v-if/v-else 指令从 DOM 中移除内容。基于此原理，了解如何选择使用哪一种技术主要取决于我们想要实现的目标，因此比较它们的最佳方法是考虑不同的用例。

v-show 指令最适合没有 else 分支的场景。也就是说，当有标签用来显示条件是否为真，却没有对应内容显示条件为假时。以下是几个可能的用例，此时 v-show 是正确的选择：

- 临时性的消息栏，例如促销通告或条款和条件的变更。
- 注册广告或其他诱导内容，仅在访问者未登录时显示。
- 在多页面时显示的分页列表元素，当只有一个页面时就是多余的。

需要在两个标签中二选一时，使用 v-if 和 v-else 指令是正确的选择，至少其中一个应该始终显示。如果没有后备(else)情况，那么 v-show 更合适。以下是应使用 v-if 和 v-else 的几种场景：

- 对已退出的用户显示登录链接，相应地对已登录用户显示退出链接。
- 根据用户的选择渲染表单，例如不同国家的地址字段。例如，美国地址表单显示 State 字段，而加拿大地址表单显示 Province 字段。
- 未执行任何搜索时的占位内容与搜索结果列表(我们将在后续章节中探讨一个使用 v-else-if 添加第三个条件状态的示例)。

有无数种场景，需要选择一个或另一个条件。判断哪个指令更符合需求的最佳方式，可能是考虑一下是否有想要显示的后备或默认内容。接下来，我们将为潜在顾客提供更多的东西，使我们的网店变得更有用。

3.5　练习题

运用本章介绍的知识回答下面的问题：

在本章的前面，我们研究了计算属性和方法，它们之间有什么区别？

请参阅附录 B 中的解决方案。

3.6　本章小结

- 使用计算属性显示不在 data 对象中的数据。
- 使用 v-if 和 v-else 指令有条件地显示应用程序的各个部分。
- 使用方法(Method)为应用程序添加更多功能。

第4章

表单与输入框

本章涵盖:

- 将值绑定到 DOM
- 使用文本绑定
- 修饰符

从第 1 章到现在,我们的应用程序已经有了实质性的进展。我们创建了商品,并允许用户将商品添加到购物车。现在需要提供方法,让我们的顾客结账并输入他们的信息。下面在应用程序中增加输入表单的环节,这样顾客就可以在应用程序中输入他们的地址和账单信息。然后我们需要将这些信息保存在应用程序中,以供日后使用。

为了实现这个目标,必须在应用程序中将表单数据绑定到我们的模型。v-model 指令就是用来实现数据绑定的。

定义 v-model 指令用于在表单或文本输入框和其他模板之间创建双向数据绑定。这样可以确保应用程序模型中的数据始终与我们的 UI 保持同步。

双向数据绑定与单向数据绑定

在实践中，双向数据绑定(参见图 4.1)可能是最好的解决方案，也可能不是。在某些特定情况下，捕捉到用户输入的数据后不再需要发生变更。其他的框架和库，诸如React 和 Angular 2，也已经将单向数据绑定作为默认设置。Angular 1 最初采用双向数据绑定，后来在创建 Angular 2 时因为性能管理的原因放弃了双向数据绑定。对于从输入获取到的数据发生变化后不需要再从模型同步到视图的场景，适用单向数据绑定。需要增加额外的逻辑用于模型或视图中值的变化。Ember.js 决定坚持默认使用双向数据绑定。使用 v-model 指令可以双向绑定数据。不管怎样，都可以在 Vue 里使用v-once 指令单向绑定属性。

v-once 指令只会渲染元素或组件一次。在任何额外的重新渲染中，相关元素或组件将会被视为静态内容并跳过。想要了解关于 v-once 指令的更多信息，请查看官方API 文档，网址为 https://vuejs.org/v2/api/#v-once。

在本书的后续部分，将讨论组件属性以及如何将它们传递给其他组件。这些属性由父属性与子属性间自上而下的单向绑定形成。这在未来将会变得非常有帮助。

图 4.1　模型更新视图的同时，视图也能够更新模型

指令 v-model 适用于各种表单输入，包括文本框、多行文本框、复选框、单选按钮和下拉列表控件。我们需要所有这些元素来构建我们新的结账表单。下面介绍一下如何使用 v-model 指令以及如何将它与绑定输入一起使用。

4.1　使用 v-model 绑定

在我们的应用程序中，模型绑定将会帮助我们使用模板更新用户输入的数据。在应用程序中，我们主要使用 Vue 数据对象来显示静态信息。与应用程序的交互仅限于几个按钮单击事件。我们需要为用户新增一种方法，用于在结账时填写他们的送货信息。为了跟踪表单输入，将使用 v-model 指令和基本输入绑定来为应用程序添加更多交互。

在开始之前，你可能想知道 v-model 指令和 v-bind 指令的区别，我们在第 2 章中使用过 v-bind 指令。请记住，v-model 指令主要用于输入和表单绑定。我们将在本章中使用 v-model 指令来绑定结账页面的文本输入。而 v-bind 指令主要用于绑定 HTML

属性。例如，可以在<img>标签的 src 属性上使用 v-bind，或者用来绑定<div>标签的 class 属性。两者都很有用，但它们分别在不同情况下使用。稍后我们将更详细地介绍 v-bind 指令。

值得一提的是，v-model 指令在幕后使用 v-bind 指令。假设有这样一句代码：<input v-model="something">。这里的 v-model 指令是<input v-bind:"something" v-on: input= "something=$event.target.value">的语法糖。无论如何，使用 v-model 指令更容易键入和理解。

在图 4.2 中，可以看到 v-model 指令是如何被分解的。输入框被添加到 v-model 指令中并创建了一个双向数据绑定对象。

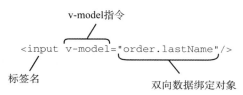

图 4.2 走近 v-model 指令

首先，需要在应用程序中添加新的 HTML 代码。打开前两章中创建的 index.html 页面，查找 v-else 指令(也可以下载第 3 章提供的 index.html 文件)。在这个<div>标签内，我们将添加本章的 HTML 代码。在第 7 章中，将讨论如何更好地将应用程序分解为组件。现在，将使用简单的 v-if 指令作为切换来显示结账页面。

与前面的章节一样，每个代码片段都被拆分为自己的文件。请将它们与 index.html 结合，组成完整的应用程序，参见代码清单 4.1。

代码清单 4.1　指令 v-model 与姓氏和名字的输入框：chapter-04/first-last.html

```
<div class="col-md-6">
  <strong>First Name:</strong>
  <input v-model="order.firstName"          使用 v-model 绑定 firstName
    class="form-control"/>                   和 lastName
</div>
<div class="col-md-6">
  <strong>Last Name:</strong>
  <input v-model="order.lastName"
    class="form-control"/> //#A
</div>
<div class="col-md-12 verify">
  <pre>
    First Name: {{order.firstName}}
    Last Name: {{order.lastName}}          随着输入框中的值发生变化，firstName
  </pre>                                    和 lastName 属性将实时显示
</div>
```

　　这段代码为名字和姓氏分别创建了一个文本框,每个文本框都被绑定到一个实时同步的属性上。这两个属性被创建在数据对象中。为了简化这一过程,将在 Vue 实例数据对象中使用 order 属性来保存这些值。这段代码将被添加到 index.html 文件中。

　　在数据对象中,需要添加 order 属性。我们需要 order 属性,这样就可以跟踪名字和姓氏。将代码清单 4.2 中的代码添加到上一章中使用的 index.html 的数据对象中。

代码清单 4.2　Vue 实例数据对象的 order 属性:chapter-04/data-property.js

```
data: {
  sitename: 'Vue.js Pet Depot',
  showProduct: true,
  order: {
    firstName: '',
    lastName: ''
  }
},
```

　　上述代码中的 order 对象位于 Vue 构造函数的数据对象中。可以使用你在第 2 章中学到的双花括号 Mustache 语法{{}}在代码中引用 order 对象。例如,{{order.firstName}}将被 order 对象中的 firstName 替换。将订单信息保存在同一个对象中,可以在未来更容易地了解数据在哪里。

　　值得一提的是,可以在这里使用空的 order 对象,而不用在其中显式地定义firstName 和 lastName 属性。Vue.js 可以隐式地将属性添加到对象。为了简单起见,同时也为了保持代码更整洁,我们将添加属性,这样就可以看到一切是如何工作的。

　　在结账表单中输入数据后,请注意输入框中的值会实时显示(参见图 4.3)。这就是双向数据绑定的美妙之处,值无需任何其他逻辑即可自动双向同步。

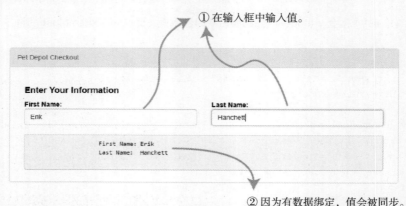

图 4.3　文本会实时更新到底部的列表框中

　　现在有了结账页面的雏形。下面在 index.html 文件中添加更多表单输入框,这样客户就可以添加他们的地址信息。我们可以在已经添加的 HTML 代码(参见代码清单 4.1)之后添加代码清单 4.3 所示的 HTML 代码。

代码清单 4.3　添加其他文本输入框和选择框：chapter-04/text-input.html

```
<div class="form-group">
  <div class="col-md-12"><strong>Address:</strong></div>
  <div class="col-md-12">
    <input v-model="order.address"
      class="form-control" />
  </div>
</div>
<div class="form-group">
  <div class="col-md-12"><strong>City:</strong></div>
  <div class="col-md-12">
    <input v-model="order.city"
      class="form-control" />
  </div>
</div>
<div class="form-group">
  <div class="col-md-2">
  <strong>State:</strong>
    <select v-model="order.state"
      class="form-control"
      <option disabled value="">State</option>
      <option>AL</option>
      <option>AR</option>
      <option>CA</option>
      <option>NV</option>
    </select>
  </div>
</div>
<div class="form-group">
  <div class="col-md-6 col-md-offset-4">
  <strong>Zip / Postal Code:</strong>
    <input v-model="order.zip"
      class="form-control"/>
  </div>
</div>
<div class="col-md-12 verify">
  <pre>
    First Name: {{order.firstName}}
    Last Name: {{order.lastName}}
      Address: {{order.address}}
         City: {{order.city}}
          Zip: {{order.zip}}
        State: {{order.state}}
  </pre>
</div>
```

带 v-model 的选择下拉控件

带 v-model 的文本输入框

使用 \<pre\> 标签显示数据

我们在表单里添加了地址、城市、州和邮政编码。地址、城市和邮政编码都是使用 v-model 指令绑定输入的文本输入框。

州的选择有点不同。我们将使用选择下拉控件而不是文本框。v-model 已被添加到 select 元素中。

你可能想知道我们如何能轻松地向选择下拉控件添加更多的州。对于这个简单的例子，硬编码全部 4 个州也不错。但是如果要添加所有 50 个州，我们可能想要动态生成选择框。在 4.2 节中，将介绍如何使用值绑定来辅助生成动态选项。

在继续之前，不要忘记将新属性添加到 Vue 实例的数据对象中，参见代码清单 4.4。

代码清单 4.4   更新 Vue 实例的数据对象中的新属性：chapter-04/data-new-properties.js

```
data: {
  sitename: "Vue.js Pet Depot",
  showProduct: true,
  order: {
    firstName: '',
    lastName: '',
    address: '',
    city: '',
    zip: '',
    state: ''
  },
```

正如你在图 4.3 中看到的，如果表单中的任何一个元素更改了这些属性中的某一个，这些值将在底部的<pre>标签中更新。重新加载浏览器，新的表单应如图 4.4 所示。

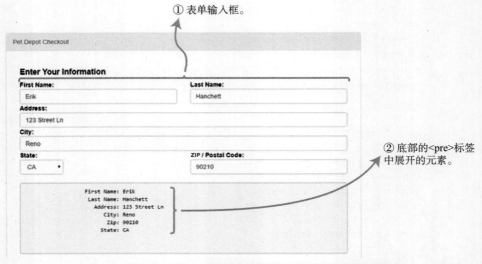

① 表单输入框。

② 底部的<pre>标签中展开的元素。

图 4.4   将地址、城市、州和邮政编码等表单字段添加到结账页面上

我们的表单结账页面看起来不错，但需要添加更多内容。让我们允许顾客选择将物品作为礼物发货。为此，我们将添加一个简单的复选框。如果选中该复选框，我们就将这些物品作为礼物发货。反之，所选商品将不会作为礼品发货。我们将使用 order.gift 属性来追踪绑定。

接下来，需要允许我们的顾客选择发送到家庭地址还是公司地址。为此，要在代码中添加单选按钮。在 Vue 中，必须将两个单选按钮的 v-model 指令设置为相同的值，否则单选按钮在单击后将不会更新。

最后，需要使用 order.method 和 order.gift 更新<pre>标签，如下面的代码清单 4.5 所示。在 index.html 文件中，在代码清单 4.3 所示的代码之后添加以下 HTML 标签。

代码清单 4.5　添加复选框和单选按钮： chapter-04/adding-buttons.html

```html
<div class="form-group">
  <div class="col-md-6 boxes">
    <input type="checkbox"
           id="gift"
           value="true"
           v-model="order.gift">        ← 添加带 v-model 的
      <label for="gift">Ship As Gift?</label>   复选框
  </div>
</div>
<div class="form-group">
  <div class="col-md-6 boxes">
    <input type="radio"
      id="home"
      value="Home"
      v-model="order.method">      ←
    <label for="home">Home</label>
    <input type="radio"                添加带 v-model 的
      id="business"                    单选按钮
      value="Business"
      v-model="order.method">      ←
    <label for="business">Business</label>
  </div>
</div>
<div class="col-md-12 verify">
  <pre>                              ← 更新 <pre> 标签，增加
    First Name:   {{order.firstName}}    order.method 和 order.gift
     Last Name:   {{order.lastName}}
       Address:   {{order.address}}
          City:   {{order.city}}
           Zip:   {{order.zip}}
         State:   {{order.state}}
        Method:   {{order.method}
```

```
        Gift:  {{order.gift}}
    </pre>

</div>
```

下面通过添加代码清单 4.6 中的代码，向数据对象添加我们的属性。

代码清单 4.6　向 Vue 实例的数据对象中添加更多属性：chapter-04/more-props.js

```
data: {
  sitename: "Vue.js Pet Depot",
  showProduct: true,
  order: {
    firstName: '',
    lastName: '',
    address: '',
    city: '',
    zip: '',
    state: '',
    method: 'Home',
    gift: false
  },
```

你可能已经注意到，我们为发货方式(method)以及商品是否是礼物(gift)添加了默认值。这背后的原因很简单。默认情况下，单选按钮被选中，复选框未被选中。因此，在以上代码中设置默认值是明智的。

需要做的最后一件事是添加 Place Order(提交)按钮。现在，我们将模拟出这个按钮，以便将来可以使用它。可以通过多种方式创建 Place Order 按钮。可以将一个 action 附加到表单元素，其中包含所有输入框。我们将在第 6 章中更多地讨论事件(Event)。但现在，我们使用在第 3 章中首次了解的 v-on 指令。指令 v-on 可以将函数绑定到应用程序中的 DOM 元素上。我们将其添加到 Place Order 按钮上的单击事件。可以在代码清单 4.5 之后添加代码清单 4.7 所示的 HTML 代码。

代码清单 4.7　添加 v-on 指令以绑定单击事件：chapter-04/adding-v-on.html

```
<div class="form-group">
  <div class="col-md-6">
    <button type="submit"
      class="btn btn-primary submit"
      v-on:click="submitForm">Place Order</button>    ← 附加到 v-on 指令的
  </div>                                                  Place Order 按钮
</div>
```

在以后的章节中，将向 Place Order 按钮添加功能。为此，创建一个简单的函数，并通过添加一个警告弹出窗口来验证该按钮的工作原理。将 submitForm 函数添加到 index.html 文件中已有的 methods 对象中，如下面的代码清单 4.8 所示。

代码清单 4.8　创建 submitForm 函数：chapter-04/submit.js

```
methods: {
  submitForm() {
    alert('Submitted');
...
  }
},
```

Vue 构造函数内部有一个 methods 对象，其中包含可以在应用程序中触发的所有函数。函数 submitForm 将在被触发时显示一个警告弹出窗口。在浏览器中，单击 Place Order 按钮，将看到由 submitForm 函数触发的这个警告弹出窗口，如图 4.5 所示。

图 4.5　由 submitForm 函数触发的警告弹出窗口

现在我们已经有了包含 Place Order 按钮的表单，当把它们全部组合在一起时效果应该如图 4.6 所示。

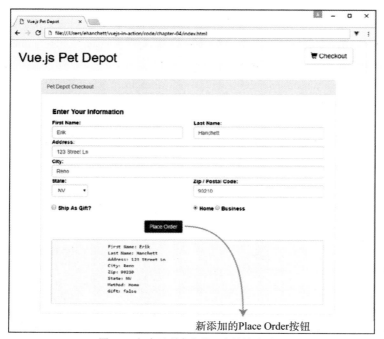

图 4.6　包含了所有表单元素的结账页面

表单中的每个属性都被绑定到了我们的 Vue.js 模型！现在让我们看看是否可以使输入绑定更好一些。

4.2　关于值绑定

到目前为止，指令 v-model 在绑定属性方面很有用。我们已经用它绑定了许多基本输入框。但是现在我们遇到了问题。如何绑定复选框、单选按钮和选择下拉控件的值？你应该还记得，我们硬编码了复选框和单选按钮的值。对于我们的选择下拉控件，将值保留为空白。所有 HTML 元素都可以，有时就应该有与所选选项关联的值。我们不使用硬编码的值，而是重写选择下拉控件、复选框和单选按钮以使用数据对象中的属性。下面首先更新复选框，使用 v-bind 指令绑定值。

4.2.1　绑定值到复选框

在第一个示例中，复选框已绑定到 order.gift 属性，可以将其设置为 true 或 false。话虽如此，但我们的顾客不希望看到 true 或 false。他们更希望看到一条消息，让他们知道订单是否会作为礼物发货。我们可以补充这一点。

指令 v-bind 会将值绑定到 HTML 元素中的属性上。在这种情况下，我们将 true-value 绑定到某个 Vue 属性上。对于 v-bind 指令，true-value 是唯一的，它允许我们根据被检测的复选框绑定属性，无论是 true 还是 false，并且会改变 order.gift 的值。在代码清单 4.9 中，true-value 被绑定到 order.sendGift 属性。同样，false-value 被绑定到 order.dontSendGift 属性。当复选框被选中后，将显示 order.sendGift 消息。如果复选框未被选中，则显示 order.dontSendGift 消息。在 index.html 中，在代码清单 4.8 的后面添加代码清单 4.9 中的 HTML 代码。

代码清单 4.9　绑定真值和假值到礼物复选框： *chapter-04/true-false.html*

```
<div class="form-group">
  <div class="col-md-6 boxes">
    <input type="checkbox"
      id="gift" value="true"
      v-bind:true-value="order.sendGift"          ◀── 当复选框被选中时设置
      v-bind:false-value="order.dontSendGift"          order.sendGift 属性
      v-model="order.gift">                       ◀── 当复选框未被选中时设置
    <label for="gift">Ship As Gift?</label>            order.dontSendGift 属性
  </div>
</div>                                              ◀── 将 order.gift 绑定到
                                                       输入框
```

为了让绑定按照我们的预期工作，需要将这些新属性添加到 order 对象中，如下面的代码清单 4.10 所示。更新 index.html 文件中的 order 对象，添加 sendGift 和 dontSendGift

属性。

代码清单 4.10　在 order 对象里添加 sendGift 和 dontSendGift 属性：chapter-04/prop-gift.js

```
order: {
  firstName: '',
  lastName: '',
  address: '',
  city: '',
  zip: '',
  state: '',
  method: 'Business',
  gift: 'Send As A Gift',
  sendGift: 'Send As A Gift',
  dontSendGift: 'Do Not Send As A Gift'
},
```

Ship As Gift 复选框
的默认值

order.sendGift 属性
的值是一条文本
消息，当复选框被
选中时显示

order.dontSendGift 属性的值是一条文
本消息，当复选框未被选中时显示

我们的数据对象变得越来越大！现在可以根据复选框被选中或未被选中来分配文
本值。刷新页面，然后取消选中 Ship As Gift 复选框。看一下底部的列表框(参见图 4.7)，
我们将在 UI 中看到{{order.gift}}属性的新值呈现在列表框中。

在UI中显示{{order.gift}}属性的新值

图 4.7　{{order.gift}}属性被显示

选中复选框，值会从字符串 Do Not Send As A Gift 更改为 Send As A Gift。请注意，
因为我们将 order.gift 属性的值设置为 Send As A Gift，所以复选框默认被选中。如果
需要，也可以赋予其他值。这将导致复选框显示为未选中。

4.2.2　使用值绑定和单选按钮

像复选框一样，也可以为单选按钮赋值。可以通过直接绑定值来实现。对于应用
程序来说，这可能是一个有用的功能。如果用户选中 Home 单选按钮，则向用户显示
家庭地址；如果用户选中 Business 单选按钮，则显示公司地址。将代码清单 4.11 中的
HTML 代码添加到 index.html 文件中，放在之前的复选框代码之后。

代码清单 4.11 绑定值到单选按钮：chapter-04/radio-bind.html

```
<div class="form-group">
  <div class="col-md-6 boxes">
    <input type="radio"
      id="home"
      v-bind:value="order.home"        ◄──── 第一个单选按钮，设置 v-bind 指令以
      v-model="order.method">                 把 value 属性绑定到这个单选按钮上
    <label for="home">Home</label>
    <input type="radio"
      id="business"
      v-bind:value="order.business"    ◄──── 第二个单选按钮，设置 v-bind 指令以
      v-model="order.method">                 把 value 属性绑定到这个单选按钮上
    <label for="business">Business</label>
  </div>
</div>
```

指令 v-bind 将 order.home 绑定到第一个单选按钮，并将 order.business 绑定到第二个单选按钮。这项功能可能很强大，因为可以随时动态更改这些值。

要完成此例，还需要将这些新属性添加到 index.html 的 order 对象中，如下面的代码清单 4.12 所示。

代码清单 4.12 更新 order 对象，增加 business 和 home 属性：chapter-04/update-order.html

```
order: {
  firstName: '',
  lastName: '',
  address: '',
  city: '',
  zip: '',
  state: '',
  method: 'Home Address',       ◄──── 设置 Home 单选按      ◄──── 当 Business 单选按钮被选中时显
  business: 'Business Address',        钮的默认值                   示 order.business 属性的文本消
  home: 'Home Address',         ◄──── 当 Home 单选按钮被选中时显示
  gift:'Send As A Gift',               order.home 属性的文本消息
  sendGift: 'Send As A Gift',
  dontSendGift: 'Do Not Send As A Gift'
},
```

这个新的 order 对象现在有了两个新的属性——home 和 business，它们被绑定到单选按钮上。如果我们选择其中的一个，底部列表框中的值将在 Home Address 和 Business Address 之间切换(参见图 4.8)。

顾客可以看到有一个包裹被送到公司地址(Erik Hanchett at 123 Street Ln, Reno, NV)，它不会作为礼物递送！将 Vue 属性绑定到表单中的任何 HTML 属性

值可以使事情更清晰、更轻松。我们现在需要在 4.2.3 节中了解州的选择下拉控件。

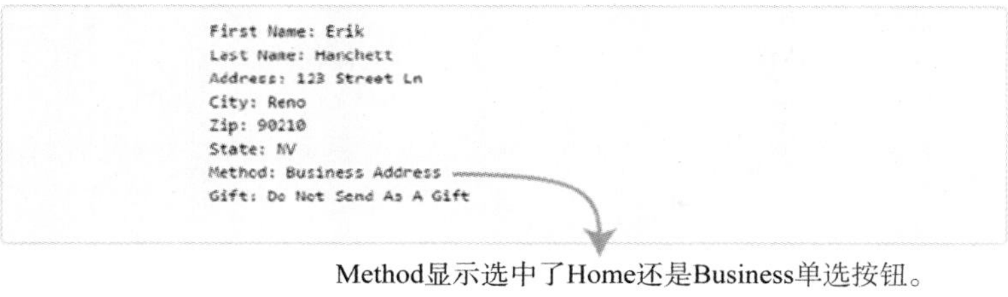

```
First Name: Erik
Last Name: Hanchett
Address: 123 Street Ln
City: Reno
Zip: 90210
State: NV
Method: Business Address
Gift: Do Not Send As A Gift
```

Method显示选中了Home还是Business单选按钮。

图 4.8　Method 根据单选按钮的状态变化

4.2.3　学习 v-for 指令

选择下拉控件列出了顾客可以选择的州。我们需要更新选择下拉控件，这样就可以在刷新页面时在选择框中显示州。让我们看看如何绑定状态值。使用以下代码清单 4.13 中的标签替换 index.html 中的城市输入框后的州下拉列表。

代码清单 4.13　将值绑定到选择框：chapter-04/bind-select.html

```
<div class="form-group">
  <div class="col-md-2">
    <strong>State:</strong>                    将 states.AL 属性通过 v-bind
    <select v-model="order.state" class="form-control">    指令赋值给 value 特性
    <option disabled value="">State</option>              将 states.AR 属性通
    <option v-bind:value="states.AL">AL</option>          过 v-bind 指令赋值
    <option v-bind:value="states.AR">AR</option>          给 value 特性
    <option v-bind:value="states.CA">CA</option>
    <option v-bind:value="states.NV">NV</option>          将 states.CA 属性通
    </select>                                              过 v-bind 指令赋值
  </div>                       将 states.NV 属性通过 v-bind  给 value 特性
</div>                         指令赋值给 value 特性
```

正如我们之前看到的，v-bind 指令正在给 value 特性赋值。这次我们创建了一个新的名为 states 的数据属性。在 states 属性中，列出了美国的一些州。states 对象中包含了四个值。我们可以在选择框中使用 v-bind 指令访问它们。更新 index.html 文件并将 states 对象添加到数据对象中，参见代码清单 4.14。

代码清单 4.14　添加 states 属性到 Vue 实例的数据对象中：chapter-04/states.html

```
states: {
  AL: 'Alabama',
  AR: 'Arizona',
  CA: 'California',
  NV: 'Nevada'
},
```

更新了所有内容之后，我们应该可以在页面底部的列表框中看到这些值(参见图 4.9)。如你所见，所选的州被清晰地显示出来了，这清楚地说明发生了什么。

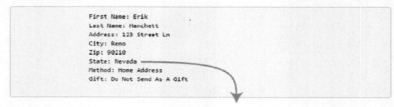

显示输出states对象

图 4.9   State 文本属性正确显示了所选择的州

在本章的前面部分，提到过我们的下拉列表有一个严重问题。在此例中，仅列出了 4 个州。随着我们增大州的列表，需要为每个州创建一个<option>标签。这可能是乏味和重复的。幸运的是，Vue 有一些可以帮助我们的东西，它们被称为 v-for 指令。

指令 v-for 可以很方便地循环遍历列表或对象中的值，这非常适合我们目前的情况。为了使之工作，需要在 states 对象中定义所有的州。然后将迭代所有州，并使用v-bind 指令，一切都很匹配。让我们试一试！

这里发生了很多事情，所以分解一下。v-for 指令需要特殊语法形式：state in states。其中 states 是源数据数组，而 state 是正在迭代的数组元素的别名。在此情况下，state是 Alabama、Arizona、California 等值。使用代码清单 4.15 所示的 HTML，替换 index.html中的城市输入框后的州下拉列表。

代码清单 4.15   使用 v-for 指令更新州下拉列表：chapter-04/select-drop-down.html

```html
<div class="form-group">
  <div class="col-md-2">
    <strong>State:</strong>
    <select v-model="order.state"
      class="form-control">
      <option disabled value="">State</option>
      <option v-for="(state, key) in states"
          v-bind:value="state">
        {{key}}
      </option>
    </select>
  </div>
</div>
```

v-for 指令通过 key 和 value 迭代 state 对象

v-bind 指令通过 key 和 value 迭代 state 对象

显示 key 属性

键(key)是可选参数，用于指定当前项的索引(index)。这在选择下拉控件中对我们来说很重要，因为键值可以用作缩写状态，而实际值是完整的州名。

指令 v-bind 将 state 的值绑定到<option>标签上的值，如代码清单 4.16 所示。在应用程序中替换此代码后，查看 index.html 的源代码并打开 Web 浏览器，看一眼生成的 HTML。<option>标签将显示 states 属性中的每个州。

代码清单 4.16　由 v-for 指令生成的 HTML：chapter-04/options.html

```
<option value="Alabama">
    AL
  </option>
  <option value="Alaska">
    AK
  </option>
  <option value="Arizona">
    AR
  </option>
  <option value="California">
    CA
  </option>
  <option value="Nevada">
    NV
  </option>
</option>
```

这对应用程序来说是个好消息。因为我们现在可以绑定值并使用 v-for 遍历它们，不再需要对每个州进行硬编码。我们的选择框可以随着创建的 states 对象动态增长。

4.2.4　没有可选 key 的 v-for 指令

之前提到过 key 是可选的，那么如果没有 key，v-for 指令会是什么样子？我们抄近道看看它是如何工作的，下面从一个空的 detour.html 文件开始，创建一个全新的应用程序，参见代码清单 4.17。创建一个 Vue 构造函数，其中的数据对象包含了 states 数组。

代码清单 4.17　更新数据对象中的 states 数组：chapter 04-/detour.html

```
<div id="app">
  <ol>
    <li v-for="state in states">     ◄──┐ v-for 指令使用 state in
      {{state}}                          │ states 语法
    </li>
  </ol>
</div>
<script src="https://unpkg.com/vue/dist/vue.js"></script>
<script type="text/javascript">
var webstore = new Vue({
  el: '#app',
  data: {
    states: [
      'Alabama',
```

```
        'Alaska',
        'Arizona',
        'California',
        'Nevada'
      ]
    }
  })
</script>
```

更多　存储州的 states 数组有五个值。下面创建一个有序列表来显示每一项。因为没
信息　有 key，所以也不用为此操心。要创建列表，可使用<ol>和<li>标签。将这些标
　　　　签添加到新的 detour.html 文件的顶部。

　　指令 v-for 会迭代 states 数组，并在列表中显示每个州。请记住，state 是正在迭代
的数组元素的别名，而 states 是数组。这很容易混淆；记住别名总是先出现，然后是
可选的 key，最后是要迭代的数组或对象。

　　在呈现时，我们将在有序编号的列表中看到州列表，如下所示：

1　Alabama

2　Alaska

3　Arizona

4　California

5　Nevada

　　现在可以通过在 states 对象中添加值来增大列表，而不必更改模板。

注意　你可能会遭遇需要直接操作 DOM 的情况，并且可能不想使用 v-model 指令。
　　　　Vue.js 为了应对这种情况提供了 $el。可以在 Vue 实例中通过 this.$el 使用 $el。
　　　　这就是 Vue 实例所管理的根 DOM 元素。通过这个元素，可以运行任何类型的
　　　　Document 方法，如 querySelector()，从而检索你想要的任何元素。记住，如果
　　　　可以的话，在操作 DOM 时尝试使用 Vue.js 内置的指令。它们的存在是为了让
　　　　你的工作变得更容易！关于 $el 和其他 API 的更多信息，请查看官方 API 文档，
　　　　网址为 https://vuejs.org/v2/api/。

4.3　通过应用程序学习修饰符

　　如本章前面所述，v-model 指令可以绑定输入值。这些值会随每次输入事件而更
新。然而，我们可以通过使用 v-model 指令附带的修饰符来更改该行为。例如，我们
可以使用.number 将值的类型转换为数字，或者在输入框中使用.trim(有关修饰符的详
细信息，可访问 https://vuejs.org/v2/guide/forms.html#Modifiers)。也可以将修饰符一个

接一个地链接在一起(例如，v-model.trim.number)。下面在应用程序的结账页面中添加几个修饰符。

4.3.1　使用.number 修饰符

修饰符.number 用于将 v-model 指令中的值自动转换为数字。这对邮政编码输入框很有用(我们假设应用程序中的邮政编码不会以 0 开头，否则.number 修饰符会删除开头的零)。下面更新 index.html 文件中的邮政编码部分以使用.number 修饰符，并在以下代码清单 4.18 中查看效果。

代码清单 4.18　邮政编码表单元素中的.number 修饰符：chapter-04/number-mod.html

```
<div class="form-group">
  <div class="col-md-6 col-md-offset-4">
    <strong>Zip / Postal Code:</strong>
    <input v-model.number="order.zip"          ← 带.number 修饰符
      class="form-control"                         的 v-model 指令
      type="number"/>
  </div>
</div>
```

HTML 输入框总是将字符串作为返回类型，即使添加了 type="number"。添加.number 修饰符可阻止此行为，取而代之将数字作为返回类型。为了验证这一点，我们更新了 index.html，在模板中显示 order.zip 属性时使用了 typeof 运算符，参见代码清单 4.19。

代码清单 4.19　在 order.zip 属性上使用 typeof 运算符：chapter-04/type-of.html

```
<div class="col-md-12 verify">
    <pre>
    First Name: {{order.firstName}}
    Last Name: {{order.lastName}}
    Address: {{order.address}}
    City: {{order.city}}
    Zip: {{typeof(order.zip)}}          ← JavaScript 的 typeof 运算符
    State: {{order.state}}                 返回类型而不是值
    Method: {{order.method}}
    Gift: {{order.gift}}
    </pre>
</div>
```

在添加.number 修饰符之前，它应当显示为字符串，现在返回的是数字。在邮政编码输入框中键入一个数字，然后重新呈现页面，查看新的输出，如图 4.10 所示。

可以看到，图 4.10 中的 Zip 显示为 number。因为我们将邮政编码包裹在 typeof
运算符中，所以它向我们显示了该属性的类型。稍后将使用此功能；现在移除 typeof
运算符，这样它就会返回邮政编码。删除 order.zip 属性的 typeof 运算符，只剩下属性
{{order.zip}}。

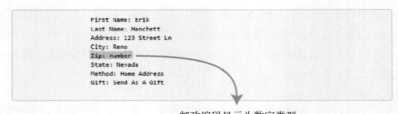

　　　　　　　　　　　　　　　　　　　　邮政编码显示为数字类型
图 4.10　输入 order.zip 属性中的值的类型

4.3.2　修剪输入值

当提取表单信息时，通常不需要输入文本前面或后面的空格。如果用户在键入名
称之前意外地输入了几个空格，则需要将它们移除。Vue.js 为我们提供了一个非常好
的修饰符，可以从输入框中自动修剪空格。

在应用程序中，我们使用字符串文本输入框来输入名字、姓氏、地址和城市。在
下面的代码清单 4.20 中，让我们更新 index.html 中的名字和姓氏部分，从而了解.trim
修饰符的工作原理。

代码清单 4.20　名称和姓氏上的.trim 修饰符：chapter-04/trim-mod.html

```html
<div class="form-group">
  <div class="col-md-6">
    <strong>First Name:</strong>
    <input v-model.trim="order.firstName"
      class="form-control" />
  </div>
  <div class="col-md-6">
    <strong>Last Name:</strong>
    <input v-model.trim="order.lastName"
      class="form-control" />
  </div>
</div>
```

◀── v-model 指令对 order.firstName
属性使用.trim 修饰符

◀── v-model 指令对 order.lastName
属性使用.trim 修饰符

要添加.trim 修饰符，只需要将.trim 添加到 v-model 指令的末尾。这样就可以自动
为我们修剪空格了！现在可以将.trim 修饰符添加到 index.html 文件的地址和城市输入
框中，参见代码清单 4.21。

代码清单 4.21　　地址和城市上的.trim 修饰符: chapter-04/trim-mod-add.html

```
<div class="form-group">
  <div class="col-md-12"><strong>Address:</strong></div>
  <div class="col-md-12">
    <input v-model.trim="order.address"        v-model 指令对 order.address
class="form-control" />                         属性使用.trim 修饰符
  </div>
</div>
<div class="form-group">
  <div class="col-md-12"><strong>City:</strong></div>
  <div class="col-md-12">
    <input v-model.trim="order.city"           v-model 指令对 order.city 属性
        class="form-control" />                  使用.trim 修饰符
  </div>
</div>
```

刷新浏览器后，如果我们查看页面底部的输出，就会注意到空格被移除了(参见图 4.11)。

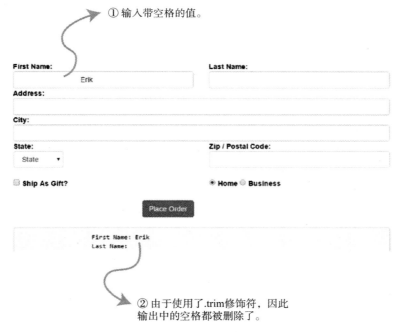

①输入带空格的值。

②由于使用了.trim修饰符，因此输出中的空格都被删除了。

图 4.11　在 v-model 指令上使用.trim 修饰符的示例

在名字输入文本框中输入 Erik，并且前面包含了许多空格。虽说如此，但底部输出显示的是修剪过空格的值。实际上，如果在框外单击，名字输入文本框中的值将同步成修剪后的值。这就是.trim 修饰符的强大之处。

4.3.3   v-model 的 .lazy 修饰符

还有一个修饰符——.lazy 修饰符。正如之前提到的，指令 v-model 在每个输入事件之后就会同步。实际上，在文本框中键入每个字母后同步都会发生。每次按键时都会同步该值。使用 .lazy 修饰符将改为在 change 事件中同步。取决于使用的表单元素，change 事件在各种情况下都会发生。复选框或单选按钮将在单击时触发 change 事件。文本输入框在失去焦点时触发 change 事件。不同的浏览器可能不会在相同的交互操作上触发 change 事件，请记住这一点。

通常，添加了 .lazy 修饰符的 v-model 指令将如下所示：

```
<input v-model.lazy="order.firstName" class="form-control" />
```

4.4   练习题

运用本章介绍的知识回答下面的问题：

双向数据绑定是如何工作的？何时应该在 Vue.js 应用程序中使用双向数据绑定？

请参阅附录 B 中的解决方案。

4.5   本章小结

- 指令 v-model 可用于绑定输入框、选择框、多行文本框及其他组件。它在表单输入元素及组件上建立双向数据绑定。
- 指令 v-for 根据给定的数据多次呈现数据。可以在迭代时的表达式里对当前元素使用别名。
- 指令 v-model 有 .trim、.lazy 和 .number 这些修饰符。修饰符 .trim 用于清除空格，而修饰符 .number 则将字符串转换为数字，修饰符 .lazy 使数据在同步后发生变化(使用 .lazy 会转变为在 change 事件中同步数据)。

第 *5* 章

条件语句、循环和列表

本章涵盖:

- 使用条件语句 v-if 和 v-if-else
- 使用 v-for 循环
- 查看数组的更改

在上一章中，我们介绍了 v-model 指令的强大功能，以及如何使用它将输入框绑定到应用程序。我们构建了一个结账页面，其中显示了需要从用户处收集的所有输入表单。为了显示这个页面，我们使用了一个条件语句。

在第 3 章中，我们创建了 Checkout 按钮以绑定到 click 事件方法。此方法会切换名为 showProduct 的属性。在模板中，我们使用了 v-if 指令和 v-else 指令。如果 showProduct 为真(true)，则显示商品页面；如果 showProduct 为假(false)，则显示结账页面。通过单击 Checkout 按钮，用户可以轻松地在这些页面之间切换。在后面的章节中，我们将考虑重构此代码以使用组件和路由，但是现在这样就可以了。

为了扩展我们的应用程序，我们将查看其他类型的条件。例如，需要添加一个新功能，根据可用的库存情况向用户展示信息。此外，还需要在商品页面中添加更多商品。我们将在 5.2 节中更详细地研究这些。

5.1　显示可用的库存信息

每次向购物车添加更多商品时，计算属性 cartItemCount 都会被更新。如果想让用户知道有多少可用的商品，该怎么办？当可用库存几乎耗尽时，让我们显示一些信息。我们将使用 v-if、v-else-if 和 v-else 指令来实现这一功能。

5.1.1　用 v-if 添加剩余的商品数量

在开始之前，先添加更多库存。这样可以更方便地向用户显示消息，因为他们可以将更多商品放入购物车。可以通过更新数据对象中的产品属性来增加库存。编辑 index.html 中的 availableInventory 产品属性。让我们将它从 5 改为 10，如代码清单 5.1 所示。目前这应该就足够了。

代码清单 5.1　更新库存：chapter-05/update-inventory.js

```
product: {
  id: 1001,
  title: "Cat Food, 25lb bag",
  description: "A 25 pound bag of <em>irresistible</em>, organic goodness
              for your cat.",
  price: 2000,
  image: "assets/images/product-fullsize.png",        ←── 添加库存
  availableInventory: 10
},
```

如果你一直在遵循前几章的示例，那么应该有一个 index.html 文件。如果没有，可以随时下载本章附带的完整的 index.html 文件作为基础，以及任何代码片段和 CSS。与往常一样，每个代码清单都会被拆分为单独的文件，确保当你继续时将每个代码片段都添加到 index.html 中。

现在库存已被更新，下面在模板里添加一个条件，当可用库存较低时，将显示一条消息，显示用户可以添加到购物车的剩余库存。在代码清单 5.2 中，我们可以看到新的 span 标签，其中带有 v-if 指令。我们在 span 标签中还添加了一个名为 inventory-message 的样式类。这个 CSS 样式类使消息更加突出并且位置正确。我们添加了基本格式，让消息看起来更好一些。指令 v-if 非常灵活。你会注意到我们没有按照第 3 章中使用 showProduct 的方式使用特定属性。相反，我们使用了表达式。Vue.js 允许我们这样做真的太棒了！

代码清单 5.2　添加基于库存的消息：chapter-05/add-message.html

```
<button class="btn btn-primary btn-lg"
  v-on:click="addToCart"
```

```
v-if="canAddToCart">Add to cart</button>
<button disabled="true" class="btn btn-primary btn-lg"
  v-else >Add to cart</button>
<span class="inventory-message"
v-if="product.availableInventory - cartItemCount < 5">
Only {{product.availableInventory - cartItemCount}} left!
  </span>
```

通过 span 标签添加一条信息，并且增加 inventory-message 样式类

仅当条件为真时，显示 v-if 指令

单击 Add to cart 按钮时，顶部的 Checkout 编号会递增。当库存少于 5(product.availableInventory – cartItemCount)时，将显示一条消息，显示剩余库存。单击按钮直到库存为零。

在我们的模板中找到 addToCart 按钮。在 index.html 文件中添加带有 v-if 指令的新 span 标签。

提醒　请记住，本章以及其他所有章节的源代码(包括 app.css 文件)可以从 Manning 网站下载，网址为 www.manning.com/books/vue-js-in-action。

可以在这个 v-if 指令中使用计算属性，但为了简单起见，使用这样的表达式就可以了。请记住，如果表达式在模板中变得太长，那么最好使用计算属性。

> **关于 v-show 指令**
>
> 指令 v-show 是指令 v-if 的近亲。两者的使用方式类似：<span v-show=" product.availableInventory-cartItemCount < 5">Message</span>。唯一真正的区别是：v-show 指令将始终在 DOM 中渲染。Vue.js 使用 CSS 中的简单切换来显示元素。如果对选择使用哪一个感到困惑，当后面跟着 v-else 或 v-else-if 时就使用 v-if。如果在大多数情况下更有可能是显示/渲染，或者页面生命周期内元素的可见性可能会被多次更改的话，请使用 v-show。否则，请使用 v-if。

让我们看一下到目前为止已完成的内容(参见图 5.1)。

显示商品剩余件数，使用v-if指令创建

图 5.1　仅剩下四件商品，这时使用了 v-if 指令

5.1.2　使用 v-else 和 v-else-if 添加更多消息

我们有一个小问题。当库存达到零时，显示消息"Only 0 left!"。显然，这是不合理的，所以需要更新代码，在库存达到零时输出更合理的消息。添加一条鼓励用户现在购买的消息。这次我们将介绍 v-else-if 和 v-else 指令！下面分解我们想做的事情以及实现步骤。当库存计数减去购物车项目计数后等于 0 时，显示 v-if 指令。如果将所有商品添加到购物车，则商品库存全部耗尽。

在图 5.2 中，我们可以看到完成的功能，当库存耗尽时显示消息"All Out!"。

库存耗尽时显示的消息
图 5.2　在库存耗尽后商品页面显示"All Out!"

如果商品没有售罄，会继续执行 v-else-if 指令。如果可用库存接近售罄并且剩余数量少于五个，将显示一条消息，如图 5.3 所示。

当库存大于或等于5时显示消息
图 5.3　显示"Buy Now!"

图 5.3 显示了"Buy Now!"消息。当单击 Add to cart 按钮时，应该会看到消息发

生了变化。当库存少于 5 时，你将会看到如图 5.1 所示的屏幕。库存耗尽后，你将会
看到如图 5.2 所示的屏幕。

　　只有当 v-if 和 v-else-if 都为 false 时，才会触发最后一个 v-else。当其他一切都失
败时，v-else 就成了全部捕获(catch-all)指令。如果发生这种情况，我们希望购物车按
钮旁边会显示"Buy Now！"消息。使用代码清单 5.3 更新在 index.html 文件中添加的
span 标签。

代码清单 5.3　添加多条库存消息：chapter-05/multiple-inventory.html

```
<button class="btn btn-primary btn-lg"
  v-on:click="addToCart"
  v-if="canAddToCart">Add to cart</button>
  <button disabled="true" class="btn btn-primary btn-lg"
  v-else >Add to cart</button>
  <span class="inventory-message"
    v-if="product.availableInventory - cartItemCount === 0">All Out!
  </span>
  <span class="inventory-message"
    v-else-if="product.availableInventory - cartItemCount < 5">
    Only {{product.availableInventory - cartItemCount}} left!
  </span>
  <span class="inventory-message"
    v-else>Buy Now!
  </span>
```

只在库存耗尽时显示的
v-if 指令

仅在上一条 v-if 指令失
败时触发

当 v-if 和 v-if-else 都失败
时触发 v-else 指令

使用条件语句

　　在使用 v-if、v-else 和 v-else-if 时，必须注意一些事情。无论何时使用 v-else，都
必须紧跟 v-if 或 v-else-if。不能在两者之间创建额外的元素。同 v-else 一样，v-else-if
也必须紧跟 v-if 或 v-else-if。否则，v-else-if 或 v-else 将无法被识别。

　　请记住，v-else-if 指令可以在同一区块中多次使用。例如，在我们的应用程序中，
当商品即将售罄时，可以包含多条消息。这可以通过 v-else-if 指令来实现。

　　尽管如此，还是要小心使用过多的条件以及在模板中放入过多的逻辑。相反，在需
要时使用计算属性(Computed Property)和方法(Method)。这将使代码更易于阅读和理解。

5.2　循环商品

　　自从我们在第 2 章介绍宠物商店以来，我们只使用了一件商品。到目前为止，前
面章节中的示例都运作良好，但是一旦添加更多的商品，就需要一种方法来将它们全
部显示在模板中。此外，我们希望在每个商品的底部显示简单的星级评分。用途广泛
的 v-for 指令可以处理这两种情况。

5.2.1　使用 v-for 范围循环增加星级评分

正如在第 4 章中简要介绍的那样，Vue.js 具有用于循环的 v-for 指令。值得一提的是，可以将其用在对象、数组甚至组件上。使用 v-for 指令的最简单方法之一是传给它一个整数。当添加到一个元素中时，v-for 指令会重复多次，有时也被称为 v-for 范围循环。

下面在商品中添加五星级评级系统。为了简单起见，使用一个 span 标签并向它添加 v-for 指令。v-for 指令总是以 item in items 的形式出现。这里的 items 指向正在迭代的源数组数据，而 item 是正在迭代的别名元素。如图 5.4 所示，v-for 指令使用 item 作为 items 中每一项的别名。items 是一个数组。

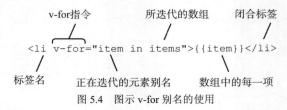

图 5.4　图示 v-for 别名的使用

当使用 v-for 范围循环时，源数据就是范围的上限。这表示元素将被重复多少次。在图 5.5 中，可以看到 n 迭代了 5 次。

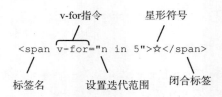

图 5.5　v-for 范围的使用图示

在代码清单 5.4 中，我们将重复符号 ☆ 五次。还可将其添加到一个 div 中，该 div 有一个名为 rating 的样式类(记得下载本书的 app.css，可以在附录 A 中找到更多信息)。在 index.html 中添加代码清单 5.4 中的 span，紧靠 5.1 节中添加的库存消息。

代码清单 5.4　使用 v-for 添加星型符号：chapter-05/star-symbol.html

```
<span class="inventory-message"
  v-else>Buy Now!
</span>
<div class="rating">
  <span v-for="n in 5">☆</span>        ← 重复星型符号五次
</div>
```

一旦将星型符号添加到模板中，就刷新浏览器。结果应该如图 5.6 所示。

如你所见，我们的星级评分没有什么可显示的：每一颗星都是空心的。我们需要一种方法，将类动态绑定到 CSS，这样就可以显示一颗实心的星星符号。

用v-for创建星级评分

图 5.6　星级评分

5.2.2　将 HTML 类绑定到星级评分

Vue.js 为我们提供了一种向模板中的 HTML 元素动态添加或删除类的方法。我们可以传递数据对象、数组、表达式、方法甚至计算属性，以确定使用的样式类。

在开始之前，需要编辑 product 数据对象属性并添加评级。这个评级将决定每个商品应该显示多少颗星。打开 index.html 文件，在 order 下找到 product 属性。将评级 rating 添加到 product 属性的底部，如下面的代码清单 5.5 所示。

代码清单 5.5　添加评级 rating 到 product 属性：chapter-05/add-product.js

```
product: {
  id: 1001,
  title: "Cat Food, 25lb bag",
  description: "A 25 pound bag of <em>irresistible</em>, organic goodness
  for your cat.",
  price: 2000,
  image: "assets/images/product-fullsize.png",
  availableInventory:10,
  rating: 3                              ← 新增 rating 属性
},
```

接下来，需要在屏幕上显示星级评分。最简单的方法是使用 CSS 和少许 JavaScript。我们将添加简单的 CSS，当类被添加到 span 元素中时将会创建黑色的星。在我们的例子中，需要前三颗星显示为黑色。剩下的最后两颗星将显示为白色。图 5.7 显示了完成后的示例。

正如我们提到的，可以使用一个方法来帮助确定类是否应该出现。因为我们使用的是 v-for 范围循环，所以需要将范围传递给这个方法。

通过v-for创建的星级评分

图 5.7 猫粮商品的星级评分

下面添加一个新方法，该方法从商品中读取星级评分。如果(样式)类应该被添加到 span，则返回 true。该类将会使星星符号变黑。

为了使这项工作正常进行，必须将变量 n 传递给该方法。传入的变量 n 来自 v-for 范围指令<span v-for="n in 5">☆</span>。虽然没有在模板中显示，但 n 从 1 增加到 5。第一个循环的 n 是 1，下一个循环的 n 是 2，依此类推。我们知道，当 n 循环时，将从 1 增加到 5。可以用简单的数学方法来确定是否应该填黑这颗星。

在我们的示例中，第一个迭代 n 应该是 1，而 this.product.rating 始终是 3。3 − 1 = 2，因此返回 true 并添加类。下一个迭代 n 将是 2。3 − 2 = 1，因此再次计算为真。下一个迭代 n 将是 3。3 − 3 = 0，因此再次添加类。下一个迭代 n 将是 4。3 − 4 = −1，因此返回 false。就这么简单。在 index.html 文件的 methods 对象顶部添加一个名为 checkRating 的新方法，如代码清单 5.6 所示。

代码清单 5.6 添加一个方法来检查是否应该添加样式类：chapter-05/check.js

```
methods: {
  checkRating(n) {
    return this.product.rating - n >= 0;    ◀—— 基于 rating 和 n 返回
  },                                               true 或 false
```

要让新的星级评分就绪，需要向 span 元素添加 v-bind:class 语法。如果方法返回 true，它将添加我们新的(样式)类 rating-active；否则将被忽略。在本例中，我们将向 v-bind:class 传递一个对象。checkRating 方法的真值将决定是否添加了 rating-active 类。因为是在一个循环中，所以必须像前面讨论的那样传入 n，它会一遍一遍地迭代。

更新 index.html 中的评分 span，并向其中添加新的 v-bind:class 指令，如下面的代码清单 5.7 所示。确保 rating-active 的左右有引号。否则，将在控制台中得到一条错误信息。

代码清单 5.7 绑定样式类：chapter-05/add-class-bind.html

```
<span class="inventory-message"
  v-else>Buy Now!
</span>
<div class="rating">
  <span v-bind:class="{'rating-active': checkRating(n)}"    ◄──┐  checkRating 决定
        v-for="n in 5"☆>                                          rating-active 的绑定
  </span>
</div>
```

这些是绑定 HTML 类的基础。Vue.js 允许添加多个类，使用数组及组件。有关如何绑定类的详细信息，可访问 Vue.js 官方指南 https://vuejs.org/v2/guide/class-and-style.html，查看有关类和样式绑定的部分。

5.2.3 设置商品

到目前为止，我们只使用了一件商品。真正的宠物商店应用程序应该有成百上千的商品。我们不会做到那个程度！下面看看添加五件新商品需要些什么，以及可以使用什么在商品页面上循环这些商品。

为了开始，将查看产品对象。它已经占用了 index.html 文件中的一些空间，此时将其放在单独的文件中会更容易。

我们需要创建一个新的 products.json 文件，并将其添加到 chapter-05 文件夹中。这样，就可以更容易地组织来自主应用程序的数据。如果需要，可以添加自己的商品，就像在数据对象中那样。但是，如果不想键入这些内容，可以从本书包含的代码中获取 products.json 文件，并将其复制到 chapter-05 文件夹中。可以在附录 A 中找到有关如何下载本书代码的说明。以下代码清单 5.8 显示了 products.json 文件中的商品。

代码清单 5.8 products.json 文件中的商品：chapter-05/products.json

```
{
  "products":[                        ◄──── JSON 中的 products 数组
    {
      "id": 1001,                      ◄──── 第一件商品
      "title": "Cat Food, 25lb bag",
      "description": "A 25 pound bag of <em>irresistible</em>, organic
                     goodness for your cat.",
      "price": 2000,
      "image": "assets/images/product-fullsize.png",
      "availableInventory": 10,
      "rating": 1
```

```
      },
      {
        "id": 1002,                   ←── 第二件商品
        "title": "Yarn",
        "description": "Yarn your cat can play with for a very
                        <strong>long</strong> time!",
        "price": 299,
        "image": "assets/images/yarn.jpg",
        "availableInventory": 7,
        "rating": 1
      },
      {
        "id": 1003,                   ←── 第三件商品
        "title": "Kitty Litter",
        "description": "Premium kitty litter for your cat.",
        "price": 1100,
        "image": "assets/images/cat-litter.jpg",
        "availableInventory": 99,
        "rating": 4
      },
      {
        "id": 1004,                   ←── 第四件商品
        "title": "Cat House",
        "description": "A place for your cat to play!",
        "price": 799,
        "image": "assets/images/cat-house.jpg",
        "availableInventory": 11,
        "rating": 5
      },
      {
        "id": 1005,                   ←── 第五件商品
        "title": "Laser Pointer",
        "description": "Drive your cat crazy with this <em>amazing</em>
                        product.",
        "price": 4999,
        "image": "assets/images/laser-pointer.jpg",
        "availableInventory": 25,
        "rating": 1
      }
    ]
  }
```

在添加或下载 products.json 文件，并将其移到 chapter-05 根文件夹中之后，你需要进行额外的重构。如果一直遵循本书的示例，很有可能你是从本地硬盘加载所有东西，而不是使用 Web 服务器。这很好，也很有效，但有一种情况除外。由于浏览器创建者的安全问题，我们无法轻松加载 products.json 文件。要正确执行此操作，需要创

建 Web 服务器。

展望未来 当使用本地 Web 服务器运行一个站点时，它可以从你的硬盘加载 JSON 文件，而不会有任何问题，并且你不会因此有任何安全问题。在后续章节中，将使用 Vue CLI。这个命令行工具将为我们创建一个 Web 服务器。在此之前，可以使用一个名为 http-server 的 npm 模块。可以在附录 A 中找到有关如何安装 npm 的说明。这个轻量级模块使创建一个简单的 Web 服务器(给我们的应用程序用)变得非常容易。

我们将使用 npm 创建一个 Web 服务器。打开终端窗口，运行以下命令(命令提示符以外的部分)来安装 http-server 模块：

```
$ npm install http-server -g
```

安装完毕后，将目录更改为 chapter-05 文件夹。运行以下命令，启动在端口 8000 上运行 index.html 的服务器：

```
$ http-server -p 8000
```

如果运行上述命令后收到任何错误，请验证端口 8000 上没有运行任何其他程序。也可以尝试使用 8001 作为端口号。

一旦启动，打开你最喜欢的 Web 浏览器，然后前往 http://localhost:8000 查看网页。如果页面不显示，请再次检查命令行是否有错误。如果端口 8000 已被占用，可能需要尝试更改端口。

5.2.4 从 product.json 文件导入商品

还记得在第 2 章中，我们介绍了 Vue.js 生命周期钩子吗？我们需要在网页加载后立即加载 JSON 文件。其中有一个钩子完美适用于此场景。你知道是哪一个吗？如果回答是 created 钩子，恭喜你答对了！生命周期钩子 created 在创建实例后被调用。我们可以使用这个钩子来加载 JSON 文件。为了完成这项工作，需要用到另一个库。

axios 是一个基于 Promise 的 HTTP 客户端，用于浏览器和 Node.js。它有几个有用的特性，比如 JSON 数据的自动转换，这些特性很有用。下面将这个库添加到项目中。在 index.html 中，在 head 标签中为 axios 添加一个新的脚本标签，如下面的代码清单 5.9 所示。

代码清单 5.9　添加 axios 脚本标签：chapter-05/script-tags.html

```
<link rel="stylesheet"
href="https://maxcdn.bootstrapcdn.com/bootstrap/3.3.7/css/bootstrap.min.css"
integrity="sha384-
     BVYiiSIFeK1dGmJRAkycuHAHRg32OmUcww7on3RYdg4Va+PmSTsz/K68vbdEjh4u"
```

```
crossorigin="anonymous">
  <script src="https://cdnjs.cloudflare.com/ajax/libs/axios/0.16.2/axios.js">
</script>
</head>
```
←—— axios 的 CDN 脚本标签

添加这个标签之后，就可以在生命周期钩子 created 中使用 axios。在 index.html
文件中，在 filters 对象的后面插入 created 钩子。我们需要添加代码，从硬盘中获取
products.json 文件并覆盖现有商品数据，更新 index.html 并添加 axios 代码，参见代码
清单 5.10.

代码清单 5.10　添加 axios 标签创建生命周期钩子：chapter-05/axios-lifecycle.js

```
...
},
created: function() {
  axios.get('./products.json')                    ←—— 获取 products.json 文件
    .then((response) =>{
      this.products=response.data.products;        ←—— 将响应数据赋值
      console.log(this.products);                        给 products
    });
},
```

axios.get 命令接收一个位置，在本例中是一个本地文件。然后返回一个带有 a.then
方法的 Promise。一旦 Promise 被履行(fulfilled)或拒绝(rejected)，则返回一个 response
对象。根据 axios 文档，这个 response 对象有一个 data 属性。我们将 response.data.products
引用复制到 this.products(this 引用的是 Vue 实例)。为了确保一切正常，我们还在控制
台中记录了输出日志。

如果仔细查看代码清单 5.10 中的代码，可能会发现我们将 JSON 文件中的数据分
配给了 this.products 而不是 this.product。我们需要在数据对象上创建一个新的 products
属性，这样有助于清理代码。

打开 index.html 文件，在文件的中间位置查找数据对象。新增 products 属性以替
换 product 属性，如下面的代码清单 5.11 所示。

代码清单 5.11　添加 products 属性：chapter-05/product-delete.js

```
business: 'Business Address',
home: 'Home Address',                            ←—— 对订单对象不做任何更改
gift:'',
sendGift: 'Send As A Gift',
dontSendGift: 'Do Not Send As A Gift'
},
products: [],                                     ←—— 用新的 products 属性
                                                       替换 product 属性
```

此时，如果尝试刷新浏览器，你将会收到一条错误信息，因为我们删除了产品对

象。我们将在添加 v-for 指令以循环遍历所有商品时修复这个问题。

5.2.5　使用 v-for 指令重构应用程序

在开始遍历商品之前，需要对控制 CSS 的 div(样式)类进行一些细微的更改。因为我们使用的是 Bootstrap 3，所以希望每一行都是一个商品，我们现在必须容纳多个商品。

一切就绪后，效果将如图 5.8 所示。

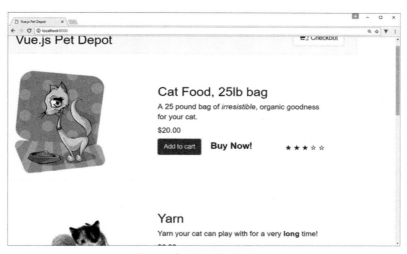

图 5.8　商品的最终更新效果

更新 index.html 并找到显示结账页面的 v-else 指令。添加另一个 div 标签形成新行，如下面的代码清单 5.12 所示。

代码清单 5.12　用于修复 Bootstrap 的 CSS：chapter-05/bootstrap-fix.html

```
<div v-else>
<div class="row">                    ← 新的 Bootstrap 行
```

我们需要移动带有 row 类的 div，它在 showProduct 的 v-if 指令之前。将这个 div 移动到 showProduct 的下面，如下面的代码清单 5.13 所示。更新 index.html，使其匹配。

代码清单 5.13　用于修复 Bootstrap 的 CSS：chapter-05/bootstrap-fix-v-if.html

```
<div v-if="showProduct">
  <div class="row product">          ← 现在，div 在 showProduct 的下面
```

既然我们已经解决了 CSS/HTML 的小问题，现在就可以添加 v-for 指令来循环遍历所有商品。这将在页面上显示所有商品。在本例中，将使用语法 product in products。products 是之前加载的对象，product 现在是 products 中每件商品的别名。我们还将使用 Bootstrap 更新列宽，使商品的显示更合理。

在 index.html 中，在 showProduct v-if 指令的下面添加 v-for 指令。确保在页面底部关闭 div 标签，如代码清单 5.14 所示。

代码清单 5.14　为 products 添加 v-for 指令：chapter-05/v-for-product.html

```
<div v-if="showProduct">
  <div v-for="product in products">          使用 v-for 指令遍历所有商品
    <div class="row">
      <div class="col-md-5 col-md-offset-0">   将列宽更改为 5，无偏移量
        <figure>
          <img class="product" v-bind:src="product.image">
        </figure>
      </div>
      <div class="col-md-6 col-md-offset-0 description">
...                                          更改列宽，无偏移量
    </div><!-- end of row-->
    <hr />                                   添加 hr 标签
  </div><!-- end of v-for-->                 v-for 指令的结
</div><!-- end of showProduct-->             束标签
```

我们已经添加了 v-for 指令，但存在一些小问题。checkRating 方法和 canAddToCart 计算属性仍在引用 this.product。我们需要进行更改以引用 this.products 数组。

这有点棘手。下面先修复 checkRating 方法。该方法有助于我们确定每件商品有多少颗星。可以通过将 product 别名传递到方法中来修复这个问题。在 index.html 中，更新 checkRating 方法，如代码清单 5.15 所示。

代码清单 5.15　使用商品信息更新 checkRating：chapter-05/check-rating.js

```
methods: {
  checkRating(n, myProduct) {
    return myProduct.rating - n >= 0;    新的 checkRating 方法接收
  },                                     产品作为参数
```

现在需要更新模板并将商品传递给更新后的方法。更新 index.html 并在库存消息的下面查找 checkRating 方法。将商品添加到 checkRating 方法，如代码清单 5.16 所示。

代码清单 5.16　更新评级模板：chapter-05/update-template.html

```
<span class="inventory-message"
  v-else>Buy Now!
</span>                                  更新 checkRating 方法，接
<div class="rating">                     收 product 作为实参
  <span v-bind:class="{'rating-active': checkRating(n, product)}"
    v-for="n in 5" >☆
  </span>
</div>
```

如果没有这样做，请从本章源代码的 assets/images 文件夹中获取本节的图片，并将其复制到本地的 assets/images 文件夹中。还可以获取 app.css 文件，并将其复制到 assets/css 文件夹中。

要完成对应用程序的重构，最后需要做的事情就是修复 canAddToCart 计算属性。当可用库存超过购物车中的结算金额时，将灰显 Add to Cart 按钮。

你可能想知道我们如何才能做到这一点。以前，我们只有一件商品，所以很容易找出是否超过商品的库存。但对于多个商品，则需要循环浏览购物车中的每个商品，并计算是否可以添加其他商品。

这比你想象得容易。我们需要移动 canAddToCart 计算属性，使其成为一个方法。然后需要更新这个方法，让它可以接收一个商品(作为参数)。最后，将更新条件语句，以便获取计数。

为了检索计数，我们将使用一个名为 cartCount 的新方法，该方法接收一个 ID 并返回这个 ID 的项数。cartCount 方法使用一个简单的 for 循环来迭代 cart 数组。对于每个匹配，都会增加 count 变量，然后在末尾返回该变量。

使用新的 canAddToCart 方法更新 index.html。你可以将它从计算属性部分移到方法中，同时创建 cartCount 方法，参见代码清单 5.17。

代码清单 5.17　更新 canAddToCart 并添加 cartCount 方法：chapter-05/update-carts.js

```
canAddToCart(aProduct) {
  return aProduct.availableInventory > this.cartCount(aProduct.id);
},                               返回可用库存是否大于购物车中商品的件数
cartCount(id) {
  let count = 0;               新的 cartCount 方法，返回购物车中某 ID 商品的件数
  for(var i = 0; i < this.cart.length; i++) {
    if (this.cart[i] === id) {      循环，检查购物车中的每一件商品
      count++;
    }
  }
  return count;
}
```

要完成对 canAddToCart 的更新，必须更新模板并将商品传递给它。同时，更新 addToCart 方法并确保它也接收一件商品。更新 index.html 并将商品别名传递给 canAddToCart 和 addToCart 方法，参见代码清单 518。

代码清单 5.18　更新 canAddToCart 模板：chapter-05/update-can-add-cart.html

```
<button class="btn btn-primary btn-lg"        更新 addToCart，使之接收
v-on:click="addToCart(product)"               product 作为参数
v-if="canAddToCart(product)">Add to cart</button>
                                              更新 canAddToCart，使之接
                                              收 product 作为参数
```

上述代码是对这两个方法的简单更新。因为我们已经将模板更新为 addToCart，所以还必须更新方法来推送商品的 ID(到购物车里)。为此，将使用变异方法(Mutation Method)push，如代码清单 5.19 所示。

> **变异方法**
>
> Vue 有许多变异方法，可以用于数组。按照惯例，Vue 将数组包装到观察器中。当数组发生任何更改时，将通知并更新模板。变异方法会改变被它们调用的原始数组。这些变异方法包括 push、pop、shift、unshift、splice、sort 和 reverse。
>
> 注意，对数组的某些更改是 Vue 无法检测到的，包括(通过索引)直接设置某一项——this.cart[index] = newValue，以及修改(数组的)长度——this.item.length = newLength。要了解更多关于变异方法的信息，请参阅官方指南 https://vuejs.org/v2/guide/list.html#Mutation-Methods。

代码清单 5.19　更新 addToCart 方法：chapter-05/update-add-to-cart.js

```
addToCart(aProduct) {
this.cart.push(aProduct.id);          ◀──── 推送商品的 ID 到购物车
},
```

现在，我们可以单击 Add to cart 按钮，而不会出现任何问题。每次单击该按钮时，商品的 ID 都会被推送到购物车中，并且购物车计数将在屏幕顶部自动更新。

重构的最后一步是修复我们先前创建的商品库存消息。问题是，我们仍在使用购物车项目总数来确定要显示哪一条消息。我们需要更改代码，以便现在仅根据商品的购物车计数显示消息。

要解决此问题，应将 cartItemCount 方法更改为新的 cartCount 方法，该方法将接收商品的 ID。更新 index.html 并找到库存消息。使用新的表达式 cartCount 更新 v-if 和 v-else-if 指令，如代码清单 5.20 所示。

代码清单 5.20　更新库存消息：chapter-05/update-inventory.html

```
<span class="inventory-message"
v-if="product.availableInventory - cartCount(product.id) === 0"> ◀──┐
All Out!                                  使用带 cartCount 的 v-if 指令的表达式 │
</span>
<span class="inventory-message"            使用带 cartCount 的 v-else-if 指令的表达式│
v-else-if="product.availableInventory - cartCount(product.id) < 5"> ◀──┘
Only {{product.availableInventory - cartCount(product.id)}} left!
</span>
<span class="inventory-message"
v-else>Buy Now!
</span>
```

就是这样！我们现在可以加载页面并查看结果。确保已安装 http-server，运行 http-server -p 8000 并重新加载 Web 浏览器。你应该看到更新后的网页，其中列出了从 products.json 文件中提取的所有商品。图 5.9 显示了完成重构后的应用程序，它使用 v-for 指令循环访问我们的 products 对象。

在浏览器中，确保一切按预期工作。单击 Add to cart 按钮，查看消息的变化。验证商品计数达到零时按钮是否被禁用。尝试更改 products.json 文件并重新加载浏览器。一切都应该相应地更新。

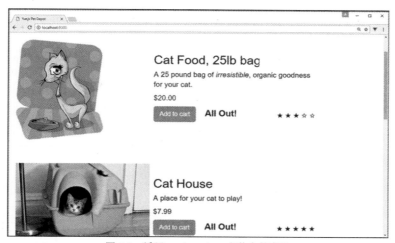

图 5.9　循环 products.json 文件中的商品

5.3　排序记录

通常在处理数组或对象时，在我们的例子中使用的就是对象，你可能希望在使用 v-for 指令显示值的时候对这些值进行排序。Vue 让这种场景很容易实现。在我们的例子中，需要创建一个计算属性以返回排序结果。

在我们的应用程序中，我们从 JSON 文件加载商品列表。显示的顺序与文件中的顺序一致。下面更新排列顺序，按商品标题的字母顺序列出商品。为此，创建一个新的名为 sortedProducts 的计算属性。首先需要更新模板。

更新 index.html 文件，在列出商品的模板中找到 v-for 指令。更改 v-for 指令，用 sortedProducts 替代 products，参见代码清单 5.21。

代码清单 5.21　向模板添加排序功能：chapter-05/add-in-sort.html

```
<div v-if="showProduct">
  <div v-for="product in sortedProducts">   ◀—— 新增 sortedProducts 计算属性
  <div class="row">
```

现在模板中已经有了 sortedProducts，我们需要创建这个计算属性，但还有一个问题要解决。我们需要知道，由于 products.json 文件中的信息是在应用程序加载时从生命周期钩子 create 中的一个 Promise 对象加载的，因此 this.products 中的数据可能不会立即可用。为了确保这不是问题，我们将使用一个 if 语句包裹代码来验证商品是否存在。

下面定义我们自己的比较函数，它将按标题排序商品，如下面的代码清单 5.22 所示。然后，将使用 JavaScript 的数组排序，通过传入的比较函数，按标题的字母顺序排序。

代码清单 5.22　sortedProducts 计算属性：chapter-05/sort-products-comp.js

```javascript
sortedProducts() {
  if(this.products.length > 0) {
    let productsArray = this.products.slice(0);    ← 使用 JavaScript 的 slice 函数将对象转换成数组
    function compare(a, b) {                        ← 使用比较函数基于标题做对比
      if(a.title.toLowerCase() < b.title.toLowerCase())
        return -1;
      if(a.title.toLowerCase() > b.title.toLowerCase())
        return 1;
      return 0;
    }
    return productsArray.sort(compare);            ← 返回新的商品数组
  }
}
```

这应该可以做到。刷新浏览器，你将看到按标题的字母顺序排列的所有商品列表。图 5.10 显示了排序后的数组。如果向下滚动，则应列出所有商品。再次检查以验证功能是否按预期工作。

图 5.10　排序后的商品列表

5.4　练习题

运用本章介绍的知识回答下面的问题:

什么是 v-for 范围指令,它与普通的 v-for 指令相比有何区别?

请参阅附录 B 中的解决方案。

5.5　本章小结

- 使用 v-if、v-else-if 和 v-else 指令创建 Vue 中的条件语句。偶尔会使用 v-show 指令,但不经常使用。
- 指令 v-for 非常通用。它可以用于迭代一组正整数(从 1 开始)、数组元素或对象属性键值对,从而复制 HTML 标签、Vue 模板或 Vue 组件。任何类型的表达式都可以用于循环项。
- 可以使用计算属性轻松地对值进行排序。计算属性可以与 v-for 指令一起用于排序输出。

第 *6* 章

使用组件

本章涵盖：

- 理解组件中的父子关系
- 了解局部注册和全局注册
- 使用 props 和 props 验证
- 添加自定义事件

上一章介绍了条件语句、循环和列表。请运用循环来简化事情，而不是重复代码。可以运用条件语句根据用户操作来显示不同的信息。这很有用，但你可能已经注意到我们的应用程序已经发展到超过 300 行代码了。我们在前几章中对 index.html 所做的更新，涉及计算属性(computed property)、过滤器(filter)、方法(method)、生命周期钩子以及数据属性。有了所有这些更新后，再想找什么内容就不是那么容易了。

为了解决这个问题，需要拆分代码，进行组件化。代码的每个部分都应该是可重用的，并允许将属性和事件传递给它。

Vue.js 可以帮助我们实现这一目标。在开始之前，让我们先介绍一下组件的基本原理以及它们如何工作的一些示例。之后再介绍一下组件的局部注册和全局注册。最后，将介绍一些关于传递 Props 以及如何验证它们的示例。我们将以定义模板和自定义事件来结束本章的讲解。

你可能想知道，我们的宠物商店应用程序到底发生了什么。不用担心，下一章在介绍单文件组件、构建工具和 Vue-CLI 时再回顾这一内容。

6.1　什么是组件

Vue.js 中的组件是一个非常强大的概念，它可以减少或简化代码。大多数 Vue.js 应用程序由一个或多个组件组成。运用组件，可以提取出代码的重复部分，并将它们分割成更小的逻辑部分，它们对我们来说更有意义。在我们的应用程序中，可以复用每个组件。组件被定义为可以当作单个元素访问的元素集合。在某些特定情况下，它们可以使用特殊的 is 标签特性显示为原生 HTML 元素(我们将在本章后面介绍)。

图 6.1 是一个简单的示例，演示了如何将一些 HTML 标签转换成一个组件。<div> 的开始和结束标签之间的所有 HTML 被封装在一个组件中：my-component。值得一提的是，如果 Web 浏览器支持或者正在使用单文件组件，那么还可以使用自闭合标签 <my-component />，我们将在本章后面讨论单文件组件。

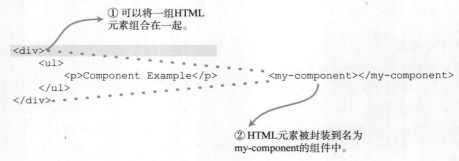

图 6.1　将代码封装到组件中的示例

6.1.1　创建组件

我们在创建第一个 Vue 组件之前，必须创建一个 Vue.js 根实例，然后必须决定如何构建我们的应用程序。Vue.js 为我们提供了注册局部或全局组件的选项。全局组件可以在整个应用程序中使用，而局部组件只能在创建它的 Vue.js 实例中使用。下面先创建一个全局组件。

如前所述，全局组件可以在所有 Vue.js 实例中使用。在本例中，将创建一个名为 my-component 的全局组件。Vue.js 在命名组件时提供了很大的灵活性。请记住，Vue.js 不会像其他框架那样强制执行组件的任何命名规则。使用以连字符间隔的全小写字母形式命名所有组件是一种很好的做法。

6.1.2 全局注册

要创建全局组件，必须将它放在 Vue 实例之前。从代码清单 6.1 中可以看出，全局组件 my-component 是在创建新的 Vue 实例前定义的。

要在组件中显示信息，必须添加 template 属性。模板就是 HTML 所在之处。请记住，所有的模板都必须包裹在一个标签内。在我们的示例中，我们将其包裹在一个 <div>标签中；否则，你将在控制台中看到一条错误信息，并且模板中的内容将无法在屏幕上呈现。

要呈现组件，所需要做的最后一件事是将它添加到父模板中。为此，我们在应用程序的父入口点<div id="app">中添加自定义标签<my-component> </mycomponent>。如下面的代码清单 6.1 所示。在阅读本章的过程中，请自己尝试这些示例。确保将它们保存成后缀名为.html 的文件并加载到 Web 浏览器中。

代码清单 6.1 创建第一个全局组件：chapter-06/global-component-example.html

```
<!DOCTYPE html>
<html>
<head>
<script src="https://unpkg.com/vue"></script>          ← 将<script>标签添加到 Vue.js
</head>
  <body>
  <div id="app">
                                                        将组件添加到
                                                        模板中
    <my-component></my-component>          ←
  </div>
                                                        将全局 Vue 注册到
                                                        组件
  <script>
  Vue.component('my-component', {          ←
    template: '<div>Hello From Global Component</div>'   ←
  });
                                                        渲染组件
                                                        的模板
  new Vue({
    el: "#app"          ←
  });
                                实例化 Vue 实例
  </script>
  </body>
</html>
```

不言而喻，我们的应用程序不太有用。如果在 Web 浏览器中打开此文件，将会在页面上看到一条消息"Hello From Global Component"。这是一个关于组件如何工作的简单示例，以便你可以了解基础知识。下面介绍局部注册，看一下有何不同。

特殊的 is 标签特性
在 DOM 中使用组件时,你会受到特殊限制。某些特定 HTML 标签,如<ul>、<ol>、<table>和<select>,对可能出现在其中的元素类型有限制。这取决于 DOM 如何将组件加载为无效内容。解决方法就是使用 is 标签特性。可以将组件添加到元素本身，而不是将组件放在这些 HTML 标签中，例如\<table>\<tr is="my-row">\</tr>\</table>。现在，tr 元素将与 my-row 组件相关联。可以创建自己的 tr 组件来匹配我们喜欢的任何功能。但这不适用于内联、x-template 或.vue 组件。有关 is 标签特性的更多信息，请查看 http://mng.bz/eqUY 上的官方指南。

6.1.3　局部注册

局部注册将作用域限制为仅仅一个 Vue 实例。可以通过使用组件的实例选项来完成对组件的注册操作。组件在局部注册后，只能由注册过它的 Vue 实例访问。

在代码清单 6.2 中，我们看到了局部组件的一个简单示例。它看起来类似于之前注册的全局组件。最大的区别是有一个新的名为 components 的实例选项。

实例选项 components 声明了该 Vue 实例所需的所有组件。每个组件都是一组键值对。其中，键始终是你稍后将在父模板中引用的组件的名称。值是组件的定义。在代码清单 6.2 中，组件的名称是 my-component，值为 Component。Component 是一个 const 变量，用于定义组件内部的内容。

在下面的代码清单 6.2 中，我们将组件命名为 my-component，将变量命名为 Component。你可以根据自己的喜好命名它们，但如前所述，请尝试使用连字符和小写字母命名组件，这种命名方式也被称为短横线分隔命名。这是一种很好的做法。

代码清单 6.2　注册局部组件：chapter-06/local-component-example.html

```html
<!DOCTYPE html>
<html>
<head>
<script src="https://unpkg.com/vue"></script>
</head>
  <body>
  <div id="app">
    <my-component></my-component>
  </div>
  <script>
    const Component = {                                    const 变量中包含组件的定义
        template: '<div>Hello From Local Component</div>'   ← 组件的显示模板
    };
    new Vue({
        el: '#app',
        components: {'my-component': Component}             ← 定义了组件的 components
    });                                                        实例选项
  </script>
  </body>
</html>
```

在浏览器中加载网页，将看到信息"Hello From Local Component"。如果不是这样，请仔细检查控制台是否有任何错误输出。很容易发生拼写错误，比如忘记在模板外部用<div>标签包裹模板，或忘记关闭某个 HTML 标签。

短横线分隔命名与驼峰式命名

虽然可以随意命名组件，但有一点需要注意。在 HTML 模板中，必须使用与选择的名称对应的短横线分隔命名(带连字符的全小写形式)。假设注册了组件 myComponent。当使用驼峰式命名时，HTML 模板必须使用短横线分隔命名。因此，该组件将被命名为<my-component>。对于帕斯卡命名(PascalCase)也是如此。如果将该组件命名为MyComponent，那么 HTML 模板必须使用短横线分隔命名：<my-component>。这个规则同样适用于 props，我们将在后面介绍。

稍后，当我们查看单文件组件时，这就不再是一个问题。在此之前，坚持使用短横线分隔命名。可以访问官方文档 http://mng.bz/5q9q，以了解有关驼峰式命名与短横线分隔命名的更多信息。

6.2 组件之间的关系

想象一下，你正在设计一个评论系统。该系统应当显示每个用户的评论列表。每条评论都需要包含用户名、时间日期以及评论。系统的每个用户都可以删除和编辑他们自己的评论。

你的最初想法可能是使用 v-for 指令。在上一章中，当它被用于遍历我们的库存列表时效果很好。这次可能也会奏效，但假设我们的需求发生了变化，现在需要增加一种方式来显示线程化的评论，或者需要一个新的赞成/反对投票系统。代码很快就会变得复杂起来。

组件有助于解决此问题。基于这种关系，评论将在 comment-list 组件中显示。父组件(Vue.js 根实例)负责应用程序的其余部分。父组件还包含了一个方法，它可以从后端检索所有评论数据。父组件将检索到的数据传递给子组件 comment-list。子组件comment-list 负责显示传递给它的所有评论。

请记住，每个组件都有自己的独立作用域，因此它不应该直接访问父组件的数据。所以，我们总是向下传递数据。在 Vue.js 中，传递的数据被称为 props。子组件必须使用 props 选项显式地声明它期望接收的每个属性。props 选项将驻留在 Vue.js 实例中，并包含一个数组，格式为 this: props: ['comment']。

在本例中，comment 是一个属性，它将被传递到组件中。如果我们有多个属性，那么我们会用逗号分隔它们。props 是单向的，从父组件传递到子组件(参见图 6.2)。

props是单向传递的

图 6.2　父组件可以将数据发送到子组件

在第 4 章中，我们讨论了 v-model 指令如何在表单输入和文本区域元素上创建双向数据绑定。更改 v-model 元素会更新 Vue.js 实例中的数据属性，反之亦然。但是组件形成了一种单向数据绑定。当父组件更新属性时，属性向下流动到子组件，反过来却行不通。这是一个重要的区别，因为这样可以防止子组件意外地改变父组件的状态。如果改变状态，将在控制台中看到错误信息，如图 6.3 所示。

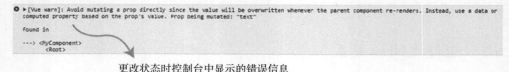

更改状态时控制台中显示的错误信息

图 6.3　控制台中的错误信息警告你不要直接改变属性

请注意，所有值都是通过引用传入的。如果一个对象或数组在子组件中发生变更，它将影响父组件的状态。这并不总是期望的结果，所以应该避免。取而代之，你应该只在父组件中进行更改。在本章后面，我们将了解如何使用事件将数据从子组件更新到父组件。

6.3　使用 props 传递数据

如前所述，props 用于将数据从父组件传递到子组件。props 仅用于单向通信。可以将 props 视为子组件中只能在父组件中赋值的变量。

props 也可以被验证。我们可以确保传递的值遵循某种类型的验证。下面介绍这一内容。

6.3.1　字面量 props

最容易使用的 props 类型是字面量 props。它们是普通字符串，我们可以将它们传递给组件。在模板里，我们像往常一样创建组件，但我们在组件的尖括号内添加新属性作为附加特性，比如<my-component text="World"></my-component>。文本将作为字符串传递给我们创建的 text 属性。模板将使用花括号插入它。

请注意，这是许多初学者会犯的常见错误：通常，你可能希望将实际的值传递到 props 中，而不仅仅传递字符串。你可能会意外地传入字符串而不是值。要传递值，需要确保使用 v-bind 指令。

在代码清单 6.3 中，我们看到了一个传递字面量 props 的示例。将此例复制到编辑器中，并自己尝试。你会看到 my-component 已经有了传入的值"World"。可以使用模板内的 text 属性显示该值。

代码清单 6.3　在组件中使用字面量 props：chapter-06/literal-props.html

```
<!DOCTYPE html>
<html>
<head>
<script src="https://unpkg.com/vue"></script>
</head>
  <body>
  <div id="app">
    <my-component text="World"></my-component>        ← 带传入字面量 props 的组件
  </div>
  <script>
  const MyComponent= {
    template:'<div>Hello {{text}}! </div>',        ← 模板显示 Hello 和传入的字面
    props:['text']                                     量 props
  };
  new Vue({
    el: "#app",
    components: {'my-component': MyComponent}
  });
  </script>
</html>
```

6.3.2　动态 props

动态 props 是从绑定到父组件的可以更改的属性传入的(与静态文本的字面量 props 不同)。我们可以使用 v-bind 指令来确保它们被正确地传入。让我们更新 6.3.1 节中的示例，并将消息传递给新的名为 text 的属性。

组件<my-component v-bind:text="message"></my-component>具有新的 v-bind 指令特性。这将把 text 属性绑定到 message 上。message 是 data 函数中的一个属性。

如果一直按照前面章节中的说明进行操作，你可能已经注意到，在我们的 Vue.js 实例中，data 不再是对象 data:{ }，如代码清单 6.4 所示。这是一种有意的选择。组件的表现行为稍有不同，data 必须表现为函数而不是对象。

如果将 data 对象添加到 my-component 中，控制台中将会显示错误信息。为了保

持一致性，本书的剩余部分将在组件和 Vue 根实例中使用函数作为 data。

　　代码清单 6.4 是一个使用动态 props 的示例。把它复制到编辑器中，然后自己尝试一下。

代码清单 6.4　使用动态 props：chapter-06/dynamic-props.html

```
<!DOCTYPE html>
<html>
<head>
<script src="https://unpkg.com/vue"></script>
</head>
  <body>
  <div id="app">
    <my-component v-bind:text="message"></my-component>
  </div>
  <script>
  const MyComponent = {
    template: '<div>Hello {{text}}! </div>',
    props: ['text']
  };
  new Vue({
    el: "#app",
    components: {'my-component': MyComponent},
    data() {
      return {
        message: 'From Parent Component!'
      }
    }
  });
  </script>
</html>
```

使用 v-bind 指令绑定 message，将文本从父组件传递到子组件

显示 text 属性的模板

data 函数返回 message

　　在继续之前，假设需要更新程序来添加三个计数器。每个计数器都需要从 0 开始并独立递增。每个计数器都由一个按钮控制，你可以单击按钮来递增计数器。这如何通过组件实现呢？

　　下面在代码清单 6.4 的基础上进行更新。向 MyComponent 新增 data 函数和一个计数器。你的最初想法可能是添加一个全局变量。让我们试试看会发生什么。

　　如代码清单 6.5 所示，我们添加 MyComponent 组件三次。然后创建了一个名为 counter 的全局常量对象，它被初始化为 0。在模板中，使用 v-on 指令创建一个到 click 事件的简单绑定。每次单击计数器按钮时，变量都会增加 1。

代码清单 6.5　带有全局计数器的动态 props：chapter-06/dynamic-props-counter.html

```
<head>
<script src="https://unpkg.com/vue"></script>
```

```
</head>
<body>
<div id="app">
<my-component></my-component>          ←──┐
<my-component></my-component>             │ 重复组件 3 次
<my-component></my-component>          ←──┘
</div>
<script>
const counter = {counter: 0};          ←── 全局变量 counter
const MyComponent= {
template:'<div><button v-on:click="counter +=
1">{{counter}}</button></div>',        ←── 每次单击后 counter 递增
data() {
return counter;     ←── data 函数返回全局变量 counter
}
};
// ...
</script>
</html>
```

打开浏览器并查看编写的代码。单击几次页面上的按钮，看看会发生什么情况 (参见图 6.4)。

单击任何一个按钮，所有计数器都会一起递增

图 6.4　浏览器中的动态 props 示例

当单击图 6.4 中的任何一个按钮时，你可能会惊讶地发现每个计数器都在递增。这当然不是我们期望的结果，尽管这是关于如何共享作用域的很好说明。

在代码清单 6.5 的基础上进行更新，这样就可以纠正这个问题，如代码清单 6.6 所示。删除常量 counter 并更新 data 函数。不要让 data 函数返回全局 counter，而是返回自己的 counter。这个 counter 的作用域仅局限于组件，因此不与其他组件共享。

代码清单 6.6　使用正确的返回对象更新计数器：chapter-06/dynamic-props-counter-correct.html

```
<!DOCTYPE html>
<html>
<head>
<script src="https://unpkg.com/vue"></script>
</head>
<body>
```

```
<div id="app">
<my-component></my-component>
<my-component></my-component>
<my-component></my-component>
</div>
<script>
const MyComponent= {
template: '<div><button v-on:click="counter +=
1">{{counter}}</button></div>',
data() {
return {
counter: 0          ← data 函数返回一个 counter
}
}
};
// ...
</script>
</html>
```

启动浏览器并打开更新后的代码。单击按钮,观察计数器的变化情况(参见图 6.5)。

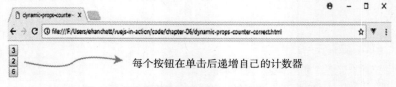

图 6.5　带有局部作用域 counter 的动态 props 示例

这次看起来是对的!当单击每个按钮时,对应的仅计数器递增自身,不影响其他计数器。

6.3.3　props 验证

Vue.js 有一个很好的特性,称作 props 验证,它确保从父组件接收到的 props 已经过验证。在多人使用同一组件的团队中,这一点尤其有用。

下面从检查 props 类型开始介绍。Vue.js 提供了以下原生构造函数来实现这一点:

- String
- Number
- Boolean
- Function
- Object
- Array
- Symbol

在代码清单 6.7 中，可以看到 props 验证的使用方法。我们首先创建一个名为 my-component 的组件，并将一些值传递给它。该组件将在其模板中显示这些值。

我们没有创建属性数组(prop: ['nameofProp'])，而是创建了一个对象。每个对象都在属性之后命名。然后创建另一个对象来指定类型，还可以添加 required 或 default 属性。default 属性的值就是默认值，如果没有值传递给属性，则使用默认值。如果属性的类型是对象，就必须为属性指定默认值。顾名思义，required(必传)属性要求在组件创建期间就添加到组件中。

在代码清单 6.7 中，最后需要注意的是 even 属性。它被称为自定义验证器。在本例中，我们将检查值是否为偶数。如果是偶数，就返回 true。如果不是偶数，那么控制台中将会显示一条错误信息。请记住，自定义验证器可以执行你喜欢的任何类型的函数。唯一的规则是它们必须返回 true 或 false。

还要记住，冒号(:)本身就是 v-bind 的缩写，这类似@符号是 v-on 的缩写。

代码清单 6.7 props 验证：chapter-06/props-example.html

```
<!DOCTYPE html>
<html>
<head>
<script src="https://unpkg.com/vue"></script>
</head>
  <body>
  <div id="app">                                    向 my-component 传入值
    <my-component :num="myNumber" :str="passedString"
          :even="myNumber" :obj="passedObject"></my-component>
  </div>
                                                    MyComponent 模板用
  <script>                                          于显示所有属性
  const MyComponent={
    template:'<div>Number: {{num}}<br />String: {{str}} \
            <br />IsEven?: {{even}}<br/>Object: {{obj.message}}</div>',
    props: {
      num: {
        type: Number,                    必需的 Number
        required: true                   验证器
      },
      str: {
        type: String,                    String 验证器包含
        default: "Hello World"           一个默认值
      },
      obj: {
        type: Object,                    Object 验证器有
        default: () => {                 一条默认消息
          return {message: 'Hello from object'}
        }
```

```
    },
    even: {                       ←──────── 自定义验证器检查
      validator: (value) => {              数字是否是偶数
        return (value % 2 === 0)
      }
    }
  }
};
new Vue({
  el: '#app',
  components:{'my-component': MyComponent},
  data() {
    return {
      passedString: 'Hello From Parent!',
      myNumber: 43,
      passedObject: {message: 'Passed Object'}
    }
  }
});
</script>
</body>
</html>
```

打开浏览器并运行本例中的代码，输出应该如图 6.6 所示。

图 6.6　使用 props 验证功能验证数字、字符串和对象

这和我们期望的一样！但是有问题吗？如果查看代码，就会注意到我们的自定义验证器会检查一个数字是偶数还是奇数。如果是奇数，则返回 false。为什么我们看到的却是 IsEven 而不是 false 呢？

事实上，Vue.js 确实认为返回的是 false！但却不在模板中。默认情况下，props 验证不会阻止将传入的值显示在模板中。Vue.js 检查验证器并且会在控制台中发出警告。可以打开 Chrome 控制台并进行查看，控制台应当如图 6.7 所示。

错误信息表明，自定义验证器对 even 属性验证失败。这很好理解，我们应该把传入的数字改为偶数。在使用 props 验证时，请牢记此类错误。

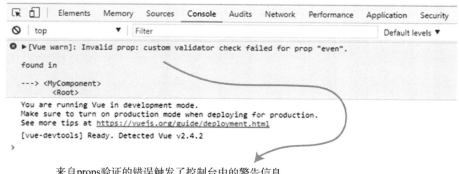

来自props验证的错误触发了控制台中的警告信息

图 6.7　显示验证失败的错误

6.4　定义模板组件

到目前为止，我们已经使用局部注册和全局注册定义了组件。每个组件中的模板都被定义为一个字符串。随着组件变得越来越大且越来越复杂，这可能是个问题。不同的开发环境可能导致语法高亮显示不生效，因此模板字符串不是最方便使用的选择。此外，多行的模板字符串需要转义字符，这会使组件定义显得混乱。

Vue.js 有多种显示模板的方法，有助于解决此问题。接下来将讨论这些方法，以及如何使用 ES2015 字面量来简化组件模板的使用。

6.4.1　使用内联模板字符串

使用模板时，最简单的方法之一是使用内联模板。为了生效，需要在将组件添加到父模板时，在组件内部包含模板信息。

在代码清单 6.8 中，可以看到我们在模板中将组件声明为<my-component :myinfo="message" inline-template>。内联模板告诉 Vue 渲染开始和闭合标签之间的组件内容。

使用内联模板的一个缺点是，它们会将模板与组件定义的其余部分分离。对于较小的应用程序，这是可行的，尽管不建议在较大的应用程序中使用。在较大的应用程序中，你应该研究下一章将讨论的单文件组件。

代码清单 6.8　使用内联模板：*chapter-06/inline-component-example.html*

```
<!DOCTYPE html>
<html>
<head>
<script src="https://unpkg.com/vue"></script>
</head>
<body>
```

```
<div id="app">
  <my-component :my-info="message" inline-template>        ← 内联模板显
    <div>                                                      示 HTML
        <p>
          inline-template - {{myInfo}}                ← 显示传入
        </p>                                              的属性
    </div>
  </my-component>
</div>
<script>
const MyComponent = {
  props: ['myInfo']
};

new Vue({
    el: '#app',
    components: {'my-component': MyComponent},
    data() {
      return {
        message: 'Hello World'
      }
      }
});
</script>
</body>
</html>
```

6.4.2　text/x-template 脚本元素

在组件中定义模板的另一种方法是使用 text/x-template 脚本元素。在本例中,将使用类型 text/x-template 创建一个脚本标签。

在代码清单 6.9 中,我们使用 text/x-template 来定义 my-component 的模板。这里要记住的是,必须将脚本定义为 type="text/x-template",否则它将不起作用。

再一次,我们遇到了与内联模板相同的缺点。最大的问题是,我们正在将组件定义与模板分离。这是可行的,但只在较小的应用程序中有用。

代码清单 6.9　使用 text/x-templates:chapter-06/x-template-example.html

```
<!DOCTYPE html>
<html>
<head>
<script src="https://unpkg.com/vue"></script>
</head>
<body>
<div id="app">
  <my-component></my-component>
```

```
</div>
<script type="text/x-template" id="my-component">  ◄───────────   x-template
 <p>                                                              脚本
    Hello from x-template
  </p>
</script>
<script>
const MyComponent = {
  template: '#my-component'
};
new Vue({
  el: '#app',
  components: {'my-component': MyComponent}
});
</script>
</body>
</html>
```

6.4.3　使用单文件组件

在前面的示例中，我们使用字符串来表示组件中的模板。使用 ES2015 模板字面量，可以帮助消除使用字符串时遇到的几个问题。在 ES2015 中，如果用一对反引号（'）包围一个字符串，它将变成一个模板字符串。模板字面量可以占用多行，而不必转义它们。它们也可以有嵌入的表达式。这使得编写模板更加容易。

尽管如此，ES2015 模板字面量仍然有几个与字符串相同的缺点。它在组件定义中看起来仍然有点混乱，并且某些开发环境不会突出显示语法。你还有一种选择可以帮助解决所有这些问题：单文件组件。

单文件组件将模板和定义组合成一个.vue 文件。每个组件都有自己的作用域，不必担心需要强制为每个组件使用唯一的名称。CSS 也适用于每个组件，这对那些较大的应用程序很有帮助。最重要的是，你不再需要担心处理字符串模板或特殊的脚本标签。

在下面的代码清单 6.10 中，可以看到与前面的示例不同，HTML 被<template>标签包裹着。.vue 文件使用 ES2015 的 export 工具返回数据给组件。

代码清单 6.10　单文件组件： *chapter-06/single-file-component.vue*

```
<template>
  <div class="hello">                    ◄───────────   模板显示了组
    {{msg}}                                             件的信息
  </div>
</template>

<script>
```

```
export default {
name: 'hello',
data () {
  return {
    msg: 'Welcome to Your Vue.js App'
  }
}
}
</script>

<!-- Add "scoped" attribute to limit CSS to this component only -->
<style scoped>
</style>
```

ES2015 的数据导出功能

要使用单文件组件，你必须熟悉几种现代构建工具。需要使用 Webpack 或 Browserify 等工具来构建.vue 代码。Vue.js 使用自己的脚手架生成器 Vue-CLI 简化了这个过程，它包含了所有必要的构建工具。我们将在下一章中讨论工具。现在要知道的是，模板有很多种使用方法，对于更大的应用程序来说适合使用单文件组件。

6.5 使用自定义事件

Vue.js 有自己的事件接口。与我们在第 3 章中看到的普通事件不同，在将事件从父组件传递到子组件时使用自定义事件。事件接口可以使用$on(eventname)来监听事件，使用$emit(eventname)来触发事件。通常，$on(eventname)用于在不是父组件和子组件的不同组件之间发送事件。对于父事件和子事件，必须使用 v-on 指令。我们可以使用这个接口，这样父组件就可以直接监听子组件。

6.5.1 监听事件

想象一下，你正在创建一个计数器。你希望屏幕上有一个按钮，每次单击该按钮时会使计数器递增 1，但你希望按钮在子组件中，并且计数器在 Vue.js 父实例中。你不希望计数器在子组件内部发生变化。相反，它应该通知父组件更新计数器。每次单击按钮时，父组件中的计数器都需要更新。让我们看看如何做到这一点。

下面先创建一个组件。当我们将它添加到模板中时，需要使用 v-on 指令并创建一个自定义事件。如代码清单 6.11 所示，添加组件并创建一个名为 increment-me 的自定义事件。将这个自定义事件绑定到我们在 Vue 父实例中定义的 incrementCounter 方法。我们还将添加一个普通按钮，与按钮绑定的 click 事件会触发 incrementCounter 方法。此按钮位于 Vue 父实例的模板中。

在组件的定义中，我们需要添加一个按钮。我们将再次使用 v-on 指令绑定 click 事件，这将触发我们在子组件中定义的 childIncrementCounter 方法。

childIncrementCounter 方法只有一项职责，那就是触发我们先前创建的自定义事件。这可能会让人感到困惑。我们将使用 this.$emit('increment-me')来触发 Vue 父实例中定义的绑定事件 incrementCounter。我们正在触发 Vue 父实例的 incrementCounter 方法，该方法将递增计数器。这个功能很强大，在保持单向数据原则的完整性的同时，允许我们修改 Vue 父实例中的值。

代码清单 6.11　使用$emit 增加父计数器：chapter-06/event-listen.html

```html
<!DOCTYPE html>
<html>
<head>
<script src="https://unpkg.com/vue"></script>
</head>
  <body>
  <div id="app">
    {{counter}}<br/>                                        ← 用于增加父计数器
    <button v-on:click="incrementCounter">Increment Counter</button>     的按钮
    <my-component v-on:increment-me="incrementCounter"></my-component>  ← 将组件的 increment-me 事件
  </div>                                                      设置为 incrementCounter
  <script>
  const MyComponent = {
    template: `<div>
      <button v-on:click="childIncrementCounter"     ←
        >Increment From Child</button>                  用于触发 childIncrementCounter
    </div>`,                                             方法的组件按钮
    methods: {
      childIncrementCounter() {          ← 触发 increment-me 事件
        this.$emit('increment-me');
      }
    }
  };
  new Vue({
    el: '#app',
    data() {
      return {
          counter: 0
      }
    },
    methods: {
      incrementCounter() {
        this.counter++;          ← 将计数器递增 1
      }
    },
    components: {'my-component': MyComponent}
  });
```

```
    </script>
    </body>
</html>
```

如果打开 Chrome 浏览器并加载上述页面，将会看到两个按钮。两者都将增加 Vue
父实例中的计数器并显示在组件中(参见图 6.8)。

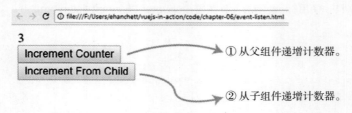

图 6.8   页面中显示了两个按钮，这两个按钮都会递增父组件中的计数器

6.5.2   使用.sync 修改子属性

大多数情况下，我们不希望子组件改变父组件的属性。我们宁愿用父组件实现这
一点。这是本章前面提到的单向数据流的基本规则之一。不过，Vue.js 允许我们打破
这个规则。

修饰符.sync 允许我们从子组件内部修改父组件中的值。.sync 是在 Vue 1.x 中引入
并从 Vue 2.0 中删除的，但是 Vue.js 核心团队决定在 2.3.0+版本中重新引入它。尽管
如此，使用时仍要小心。

下面创建一个示例，演示.sync 如何更新值。在代码清单 6.11 的基础上，通过更
新 my-component 和 childIncrementCounter 来修改。首先来看一下.sync 修饰符。为了
使用.sync 修饰符，可以将其附加到组件的任何属性上。在代码清单 6.12 中，将它附
加到<my-component : mycounter.sync="counter">上。my-counter 属性被绑定到计数器。

修饰符.sync 是<my-component : my-counter ="counter" @update:my-counter= "val
=> bar = val"></my-component>的语法糖。新创建的事件名为 update。该事件将获取
my-counter 属性并将它分配给传入的任何变量。

为了让代码正常工作，仍然需要触发新创建的事件，并传递希望计数器更新到
的值。我们会使用 this.$emit 来实现。this.myCounter+1 是传递给 update 事件的第一
个参数。

> **代码清单 6.12   使用.sync 修改属性以接收来自子组件的更新：chapter-06/event-listen-**
> **   sync.html**

```
...                                          使用.sync 修饰符设置组件
<my-component :my-counter.sync="counter"></my-component>  ◀──
```

```
      ...
  const MyComponent = {
    template: `<div>
      <button v-on:click="childIncrementCounter"
>Increment From Child</button>
    </div>`,
    methods: {
      childIncrementCounter() {
        this.$emit('update:myCounter', this.myCounter+1);  ◄─── 触发 update 事件
      }
    },
    props:['my-counter']
```

重新加载页面，你将会看到两个按钮。只要单击其中任何一个，计数就会更新(参见图 6.9)。

图 6.9　这个例子使用.sync 修改计数器

6.6　练习题

运用本章介绍的知识回答下面的问题:

如何将信息从父组件传递到子组件？使用什么方法可以将信息从子组件传递回父组件？

请参阅附录 B 中的解决方案。

6.7　本章小结

- 组件的局部注册具有局部作用域。在构建新的 Vue 实例时，可以使用 components 选项。
- 组件的全局注册使用 Vue.components 实例运算符来定义组件。
- 组件在父组件和子组件之间使用单向数据绑定。
- 在组件中使用 props 来定义可以传递给它们的内容。
- 单文件组件将所有模板和脚本信息组合成一个文件。
- 可以使用$emit 向父组件发送信息。

第 7 章

高级组件和路由

本章涵盖：
- 使用插槽(Slot)
- 使用动态组件
- 实现异步组件
- 使用单文件组件与 Vue-CLI

现在我们已经了解了组件，以及如何使用组件将应用程序分解为更小的块，接下来将更深入地研究组件，并探索它们的高级功能。这些功能特性将帮助我们创建更加动态且健壮的应用程序。

我们先来看一下插槽。插槽可以将父组件的内容交织在子组件模板中，从而使动态更新组件中的内容变得更容易。然后我们将继续讨论动态组件，这种组件提供了实时切换组件的能力。该功能特性使得根据用户操作更改整个组件变得容易。例如，你可能正在创建一个显示多个图表的管理面板。你可以基于用户操作使用动态组件轻松地切换出各个图表。

我们还将研究异步组件以及如何将应用程序划分为更小的块。每个块只在需要时加载——当我们的应用程序变大时这是一个很棒的功能，因为我们需要关注应用程序启动时加载的数据量。

然后，我们将介绍单文件组件和 Vue-CLI。通过使用 Vue-CLI，可以在几秒内设置和创建应用程序，而不用担心学习复杂的工具。我们将利用本章学到的所有知识，使用 Vue-CLI 重构宠物商店应用程序！

最后，我们将研究路由以及如何创建路由参数和子路由。让我们开始吧！

7.1　使用插槽

在使用组件时，我们偶尔需要将子组件内容与父组件内容交织在一起，这意味着需要将数据传递到组件中。假设你有一个自定义表单组件，希望在图书发布网站上使用。表单内有两个文本输入元素，被分别命名为 author 和 title。先前的每个文本输入元素是描述它们的标签。每个标签的标题已经在根 Vue.js 实例的 data 函数中定义。

你可能已经注意到，在处理组件时，不能在开始和闭合标签之间添加内容。如图 7.1 所示，开始和闭合标签之间的任何内容都将被替换。

```
<my-component>
    Information here will not be displayed by default.
</my-component>
```

图 7.1　标签中的信息将被丢弃

要确保内容被显示，最简单的方法是使用 slot 元素，接下来我们将会介绍该元素。slot 元素是一种特殊的标签，Vue.js 用它来显示数据的添加位置，并且添加位置应该在组件的开始和闭合标签之间。在其他 JavaScript 框架中，此过程也称为内容分发；在 Angular 中，则被称为 transclusion，它与 React 的子组件类似。无论使用的名称或框架如何，这种想法都是一样的。这是一种将父组件内容嵌入子组件而无须传入的方法。

首先，你可以考虑将值从 Vue.js 根实例传递到子组件。这是可行的，但让我们看看是否会遇到什么限制。我们将获取每个属性并传递给组件。

为此例创建一个新文件，并在其中创建一个名为 form-component 的局部组件和一个简单的表单。这里的目标是创建两个简单的属性：title 和 author，组件将会接收它们。在 Vue.js 根实例中，将 props 传递给组件，如代码清单 7.1 所示。这类似于我们在第 6 章中学到的 props。

在接下来的几个例子中，我们将创建较小的独立示例。你可以随意将其复制或输入到文本编辑器中，然后继续操作。

代码清单 7.1　使用 props 创建普通的父/子组件：chapter-07/parent-child.html

```
<!DOCTYPE html>
<html>
```

```
<head>
<script src="https://unpkg.com/vue"></script>
</head>
<body>
  <div id="app">
    <form-component
      :author="authorLabel"
      :title="titleLabel">
    </form-component>
  </div>
<script>
const FormComponent ={
  template: `
  <div>
    <form>
      <label for="title">{{title}}</label>
        <input id="title" type="text" /><br/>
      <label for="author">{{author}}</label>
        <input id="author" type="text" /><br/>
      <button>Submit</button>
    </form>
  </div>

  `,
  props: ['title', 'author']
}
new Vue({
  el: '#app',
  components: {'form-component': FormComponent},
  data() {
    return {
        titleLabel: 'The Title:',
        authorLabel: 'The Author:'
    }
  }
})
</script>
</body>
</html>
```

将 authorLabel 传入 form-component

将 titleLabel 传入 form-component

显示传入的 title

显示传入的 author

正如之前提到的，代码可以正常工作，但随着表单的不断扩展，我们需要处理数个属性的传递。如果在表单中添加 ISBN、日期和年份，该怎么办呢？我们需要为组件添加更多属性和(标签)特性。这可能变得枯燥乏味并且意味着要跟踪许多属性，容易导致代码中出现错误。

但我们可以重写这个例子来使用插槽。首先，添加显示在表单顶部的文本。我们使用一个插槽来显示它们，而不是将值作为属性传递。我们不需要将所有内容作为属性传递给组件。我们可以在组件的开始和结束标签之间直接显示我们想要的内容。表单完成后，效果应该如图 7.2 所示。

图 7.2　预订表单页面示例

　　将代码清单 7.1 复制并粘贴到文件中，修改 data 函数并添加名为 header 的新属性(请记住，随时可以访问 GitHub 并下载本书的代码，网址为 https://github.com/ErikCH/VuejsInActionCode)。如图 7.2 所示，我们将添加新属性 header，用于显示 Book Author Form。接下来，在 Vue.js 父实例中，找到声明 form-component 的开始和结束标签。在这些标签之间添加 header 属性。最后，需要更新 form-component 本身。在第一个 <form>之后，立即添加<slot></slot>元素。这样就将 form-component 的开始和结束标签之间的内容告诉了 Vue。要运行此例，请在代码清单 7.1 的基础上进行修改，如代码清单 7.2 所示。

代码清单 7.2　添加 slot 元素：chapter-07/parent-child-slots-extract.html

```
...
<body>
  <div id="app">
    <form-component
      :author="authorLabel"
      :title="titleLabel">                    添加到 form-component 中
      <h1>{{header}}</h1>                      的 header 变量
    </form-component>
  </div>
<script>
const FormComponent ={
  template: `
  <div>
    <form>
      <slot></slot>                            插入来自父组件模板的
      <label for="title">{{title}}</label>     slot 元素
    <input id="title" type="text" /><br/>
      <label for="author">{{author}}</label>
        <input id="author" type="text" /><br/>
      <button>Submit</button>
    </form>
```

```
    </div>
    `,
  props: ['title', 'author']
}
new Vue({
  el: '#app',
  components: {'form-component': FormComponent},
  data() {
    return {
      titleLabel: 'The Title:',
      authorLabel: 'The Author:',          新增 header 属性
      header: 'Book Author Form'    ◄─────┘
    }
  }
})
</script>
</body>
</html>
```

7.2　具名插槽

截至目前，我们只为组件添加了一个 slot 元素。但是，正如你可能已经猜到的那样，这不太灵活。如果想要给组件传递多个属性并且每个属性需要在不同的位置显示，该怎么办？再一次，传入每一个属性会很单调，那么如果我们决定使用多个插槽呢？有办法吗？

这就是具名插槽的职责。具名插槽与普通插槽类似，只是它们可以专门放置在组件内。与未具名的插槽不同，我们的组件中可以有多个具名插槽。可以在组件中的任何位置放置这些具名插槽。下面在示例应用程序中添加两个具名插槽。要添加它们，我们需要准确定义它们在子组件中的添加位置。在代码清单 7.3 中，我们将向表单组件添加两个具名插槽：titleSlot 和 authorSlot。

我们首先需要使用新的插槽名称替换 form-component 模板。为此，必须在 HTML 中添加一个新的具名插槽元素。从代码清单 7.2 中获取完整的代码，并将 label 元素从 form-component 移到父模板，如代码清单 7.3 所示。确保将标签中的属性名称从 title 更改为 titleLabel，从 author 更改为 authorLabel。

接下来，添加两个新的 slot 元素。它们中的每个都将替换 form-component 模板中的标签。它们应该如下所示：<slot name="titleSlot"></slot> 和 <slot name="authorSlot"></slot>。

在父模板中，更新我们移走的标签并添加一个名为 slot 的新属性。每个标签都应该有一个 slot 属性，类似于<label for="title" slot="titleSlot">。这样做就是在告诉 Vue.js，

要确保将此标签的内容添加到相应的具名插槽中。因为我们不再使用传入的属性，所以可以从表单组件中删除它们。

代码清单 7.3   使用具名插槽：chapter-07/named-slots.html

```html
<!DOCTYPE html>
<html>
<head>
<script src="https://unpkg.com/vue"></script>
</head>
<body>
  <div id="app">
    <form-component>
      <h1>{{header}}</h1>                          使用插槽 titleSlot 的 label 标签
      <label for="title" slot="titleSlot">{{titleLabel}}</label>    ←
      <label for="author" slot="authorSlot">{{authorLabel}}</label>  ←
    </form-component>
  </div>                                           使用插槽 authorSlot
                                                   的 label 标签
<script>
const FormComponent ={
  template: `
  <div>
    <form>                              插入具名插槽 titleSlot
      <slot></slot>
      <slot name="titleSlot"></slot>    ←
        <input id="title" type="text" /><br/>              插入具名插
      <slot name="authorSlot"></slot>                      槽 authorSlot
        <input id="author" type="text" /><br/>  ←
      <button>Submit</button>
    </form>
  </div>
  `

}
new Vue({
  el: '#app',
  components: {'form-component': FormComponent},
  data() {
    return {
        titleLabel: 'The Title:',
        authorLabel: 'The Author:',
        header: 'Book Author Form'
    }
  }
})
</script>
</body>
```

```
</html>
```

具名插槽使得在父组件中将元素插入到子组件的多个位置变得更加容易。可以看到，代码更简洁、更清晰。此外，由于没有更多的属性传递，我们不再需要在声明表单组件时绑定属性。在设计更复杂的应用程序时，这将会派上用场。

> **带插槽的编译作用域**
>
> 在代码清单 7.3 中，我们在表单组件的开始和闭合标签中添加了来自 Vue.js 根实例的数据属性。请记住，子组件无权访问此类元素，因为它们是从父实例添加的。使用插槽时，很容易误解元素的正确作用域。请记住，父模板中的所有内容都是在父实例作用域内编译的，子模板中编译的所有内容都是在子组件作用域内编译的，因为将来可能会遇到这些问题。

7.3 作用域插槽

作用域插槽(Scoped Slot)就像具名插槽一样，只是它们更像可以传递数据的可重用模板。为此，它们使用了特殊的 template 元素，template 元素具有称为 slot-scope 的特殊标签特性。

特性 slot-scope 就像一个临时变量，它包含从组件传入的属性。我们可以将值从子组件传递回父组件，而不是将值传递给子组件。

为了说明这一点，假设有一个展示书籍清单的网页。每本书都有作者和书名。我们想要创建一个包含页面外观的 book 组件，但希望在父组件中为每本书设置样式。在这种情况下，我们需要将书籍列表从子组件传递回父组件。完成以后页面应该如图 7.3 所示。

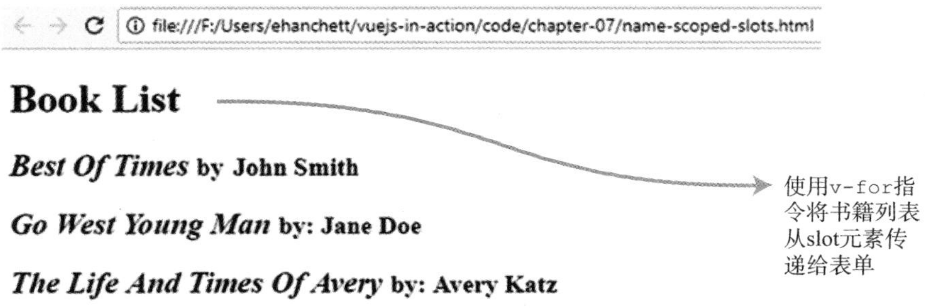

图 7.3 书籍清单中的书籍和作者列表

这个例子展示了作用域插槽的强大功能以及如何轻松地从子组件来回传递数据。要创建此应用程序，需要创建一个新的 book 组件。在该组件内部，我们将使用具名插槽显示书名，并为每本书创建另一个具名插槽。正如代码清单 7.4 中显示的，我们将添加一个 v-for 指令，它将遍历所有书籍并将值绑定到每本书。

　　数组 books 在 Vue.js 根实例中创建。它本质上是一个对象数组，每个对象都有 title 和 author 属性。我们可以使用 v-bind 指令将数组 books 传递给 book-component。

　　在父模板中，我们添加了新的 template 元素。我们还必须将 slot-scope 特性添加到 template 标签中，使其正常工作。特性 slot-scope 绑定从子组件传入的值。在这种情况下，{{props.text}}等于子组件中的{{book}}。

　　在 template 标签中，我们现在可以访问{{props.text}}，就好像访问{{books}}一样。也就是说，{{props.text.title}}与{{book.title}}相同。我们将为每组 title 和 author 添加特殊样式，使其脱颖而出。

　　打开代码编辑器，尝试自己从代码清单 7.4 中复制代码。你会看到 books 数组并将它传递给 book 组件。然后，我们将每本书显示在一个插槽中，该插槽已传递给父模板，以向用户显示。

代码清单 7.4　作用域插槽：chapter-07/name-scoped-slots.html

```html
<!DOCTYPE html>
<html>
<head>
<script src="https://unpkg.com/vue"></script>
</head>
<body>
  <div id="app">
    <book-component :books="books">          ← book 组件和传入的 books
      <h1 slot="header">{{header}}</h1>       ← header 文本，使用具名插槽 header
      <template slot="book" slot-scope="props">  ← 插入 template 元素，带有 slot-scope 特性
        <h2>
          <i>{{props.text.title}}</i>         ← 每本书的书名
          <small>by: {{props.text.author}}</small>
        </h2>
      </template>
    </book-component>
  </div>
<script>
const BookComponent ={
  template: `
  <div>
      <slot name="header"></slot>
      <slot name="book"                       ← 插入绑定了 v-for 指令的具名插槽
        v-for="book in books"
        :text="book">
      </slot>                                 ← 传入别名 book，取自 book in books
  </div>
  `,
```

```
  props: ['books']
}
new Vue({
  el: '#app',
  components: {'book-component': BookComponent},
  data() {
    return {
      header: 'Book List',                              设置 books 数组
      books: [{author: 'John Smith', title: 'Best Of Times' },
              {author: 'Jane Doe', title: 'Go West Young Man' },
              {author: 'Avery Katz', title: 'The Life And Times Of Avery' }
              ]
      }
    }
})
</script>
</body>
</html>
```

起初这可能有点混乱，但作用域插槽的功能十分强大。我们可以从组件中获取值并在父组件中经过特殊样式化后显示它们。在处理包含数据列表的更复杂组件时，这是个很好的工具。

7.4　创建动态组件应用程序

Vue.js 的另一个强大功能是动态组件。此功能允许我们使用保留的 component 元素和 is 特性在多个组件之间进行动态更改。

在 data 函数中，我们可以创建一个属性来确定将显示哪个组件。然后，在模板中，我们需要添加带有 is 特性的 component 元素，该特性指向我们创建的数据属性。下面介绍一个实际的例子。

想象一下，我们正在创建一个包含三个不同组件的应用程序。需要添加一个按钮，它可以让我们循环遍历每个组件。其中一个组件将列出书籍，另一个组件将列出一个表单以添加书籍，最后一个组件将显示书名信息。最终，效果应该如图 7.4 所示。

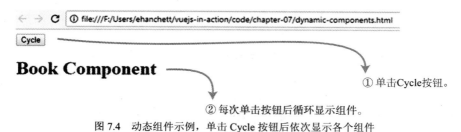

图 7.4　动态组件示例，单击 Cycle 按钮后依次显示各个组件

　　单击 Cycle 按钮将显示下一个组件。按钮 Cycle 会触发简单的 JavaScript，从 book 组件到 form 组件，然后到 header 组件。

　　打开文本编辑器并创建一个新的 Vue.js 应用程序。我们将创建三个组件而不是一个组件。在每个模板中将显示文本，让用户知道是哪个组件被激活。此例详见代码清单 7.5。

　　data 函数中有一个名为 currentView 的属性。该属性指向应用程序开头的 BookComponent。接下来，创建一个名为 cycle 的方法。这将在每次单击按钮时更新 currentView 属性，循环遍历所有组件。

　　作为最后一步，我们将在 Vue.js 根实例中添加按钮，并在按钮上附加单击事件：<button @click="cycle">Cycle</button>。在按钮代码的下方，我们将添加一个带有新的 component 元素的<h1>标签。component 元素将具有 is 特性，它指向 currentView。这就是动态更改组件的方法。属性 currentView 将在每次单击按钮时更新。要运行此例，可创建 dynamic-components.html 文件，并添加以下代码。

代码清单 7.5　动态组件：chapter-07/dynamic-components.html

```
<!DOCTYPE html>
<html>
<head>
<script src="https://unpkg.com/vue"></script>
</head>
<body>
  <div id="app">
    <button @click="cycle">Cycle</button>        ← 每次单击按钮时，都会触发
    <h1>                                            cycle 方法以更改 currentView
      <component :is="currentView"></component>   ← 动态绑定到 currentView
    </h1>                                            的 component 元素
  </div>
<script>
const BookComponent ={
  template: `
  <div>
    Book Component
  </div>
  `

}
const FormComponent = {
  template: `
  <div>
    Form Component
  </div>
  `
```

```
  }
const HeaderComponent = {
  template: `
<div>
    Header Component
  </div>
  `
}
new Vue({
  el: '#app',
  components: {'book-component': BookComponent,
               'form-component': FormComponent,
               'header-component': HeaderComponent},
  data() {
    return {
      currentView: BookComponent
    }
  },
  methods: {
      cycle() {
        if(this.currentView === HeaderComponent)
          this.currentView = BookComponent
        else
          this.currentView = this.currentView === BookComponent ?
          FormComponent : HeaderComponent;
}
    }
})
</script>
</body>
</html>
```

列出创建的所有组件

这是最初赋值给 BookComponent
的属性

循环遍历三个组件的方法

你已经学会了使用一个按钮循环展示三个不同组件的方法。使用多个 v-if 和 v-else
指令也可以实现此例，但这样更容易理解并且效果更好。

7.5　设置异步组件

在开发大型应用程序时，有时可能需要将应用程序分解成较小的组件，并且仅在
需要时加载应用程序的部分内容。Vue 通过异步组件使之很容易实现。每个组件都可
以定义为一个函数，异步解析组件。此外，Vue.js 会缓存结果以供将来重新渲染。

下面创建一个简单的例子并模拟服务器负载。回到我们的书籍示例，假设我们正
在从后端加载书籍列表，并且后端需要 1 秒才能响应。下面用 Vue.js 来解决这个问题。

图 7.5 显示的是完成后的页面。

由于具有 resolve 和 reject 回调,我们必须设置组件来处理这些场景。创建应用程序和新的 book 组件,如代码清单 7.6 所示。

这个简单的组件会在 resolve 回调后在屏幕上显示文本。我们将创建超时,因此需要 1 秒的时间。超时用于模拟网络延迟。

图 7.5 1 秒后异步组件在屏幕上渲染

创建异步组件时最重要的事情是将它定义为具有 resolve 和 reject 回调的函数。取决于回调是 resolve 还是 reject,可以触发不同的操作。

要运行此例,需要创建名为 async-componets.html 的文件。然后复制代码清单 7.6 中的代码,查看运行情况。你应该会看到一个简单的异步组件。我们正在模拟需要 1 秒响应时间的服务器。如果调用失败,则可以创建一个 reject(与我们调用 resolve 时一样)。

代码清单 7.6   异步组件:chapter-07/async-components.html

```
<!DOCTYPE html>
<html>
<head>
<script src="https://unpkg.com/vue"></script>
</head>
<body>
  <div id="app">
    <book-component></book-component>        模板中的 book
  </div>                                      组件
<script>

const BookComponent = function(resolve, reject) {    异步 book 组件必须
  setTimeout(function() {                            返回 resolve 或 reject
    resolve({               模拟服务器延迟 1000
      template: `           毫秒才响应
      <div>
        <h1>
          Async Component
        </h1>
      </div>
```

```
    });
  },1000);
}

new Vue({
  el: '#app',
  components: {'book-component': BookComponent }
})
</script>
</body>
</html>
```

高级异步组件

从 Vue 2.3.0 开始，现在可以创建更高级的异步组件。在这些组件中，可以设置 loading 组件用于在组件加载时显示，还可以设置 error 组件或延时。如果想了解有关这些组件的更多信息，请查看 http://mng.bz/thlA 上的官方指南。

7.6　使用 Vue-CLI 转换宠物商店应用程序

到目前为止，我们使用单个文件构建了应用程序。事实证明这很有挑战性，因为我们的宠物商店应用程序一直在增长。要使我们的代码库更简洁，应将应用程序拆分为单独的组件。

正如第 6 章所述，有很多方法可以拆分应用程序。最强大的方法之一是使用单文件组件，与其他创建组件的方法相比，这种方法具有许多优势。最重要的优势包括组件域 CSS、语法高亮显示、易于重用以及 ES6 模块。

组件域 CSS 允许我们以组件为单位限定 CSS 作用域。这样可以帮助我们轻松地为每个组件制作特定样式。语法高亮显示得到了改进，因为不再需要将模板文本赋值给变量或属性，我们不再需要担心 IDE 无法识别。ES6 模块可以让我们更轻松地引入喜欢的第三方库。这些都是让编写 Vue.js 应用程序变得更容易的优点。

为了充分利用单文件组件，需要使用诸如 Webpack 之类的构建工具来辅助打包所有的模块和依赖项。此外，可以使用 Babel 等工具来转换 JavaScript，确保兼容所有浏览器。我们也可以尝试自己做这些，但 Vue.js 提供了 Vue-CLI，它让这个过程变得更容易。

Vue-CLI 是一个脚手架工具，用于辅助快速启动 Vue.js 应用程序。它配备了入门所需的一切。CLI 有许多官方模板，因此你可以使用喜欢的工具开始开发应用程序(可以访问官方 GitHub 页面 https://vuejs.org/v2/guide/installation.html 以了解有关 Vue-CLI 的更多信息)。以下是最常用模板的列表。

- webpack：全功能的 Webpack 构建，包括 Vue 加载器、热重载、linting 测试以及 CSS 抽取。
- webpack-simple：简单的 Webpack + Vue 加载器，用于快速原型设计。
- browserify：全功能 Browserify + Vuetify 设置，包括热重载、linting 测试和单元测试。
- browserify-simple：简单的 Browserify + Vuetify 设置，用于快速原型设计。
- pwa：基于 Webpack 的 PWA(Progressive Web Application，渐进式 Web 应用程序)模板。
- simple：最简单的 Vue 设置，位于单个 HTML 文件。

你需要安装 Node、Git 以及 Vue-CLI 才能创建应用程序(请参阅附录 A 以获取更多信息)。

注意 在撰写本章时，Vue-CLI 3.0 仍处于测试阶段。本章使用最新版本 Vue-CLI 2.9.2 编写而成。如果你使用的是 Vue-CLI 3.0，则其中一些选项会有所不同。请使用 vue create <project name>替代 vue init 创建应用程序。然后系统会询问一组新的问题。你可以从列表中选择一组默认预设或所需功能，其中包括 TypeScript、Router、Vuex 和 CSS 预处理器等。如果想要继续，请确保选择与代码清单 7.7 中相同的选项。然后，可以跳到 7.6.2 节。有关 Vue-CLI 3.0 的更多信息，请参阅官方说明，网址为 https://github.com/vuejs/vue-cli/blob/dev/docs/README.md。

7.6.1 使用 Vue-CLI 新建应用程序

让我们为宠物商店使用 Vue-CLI 创建一个应用程序。打开终端并输入 vue init webpack petstore。该命令用于告诉 Vue-CLI 使用 Webpack 模板创建应用程序。

在撰写本章时，最新的 Vue-CLI 版本为 2.9.2。如果你使用的是更高版本，请不要担心，问题应该大多相似且明显。如果你遇到任何问题，请按照 https://vuejs. org/v2/guide/installation.html#CLI 上有关安装和使用 Vue-CLI 的官方指南进行操作。

运行完命令后，系统会提示一些问题。第一个问题是(应用程序)名称，然后是描述和作者。输入 petstore 作为名称，并根据喜好输入一些描述和作者。接下来的几个问题会是运行 Vue.js 时，只需要运行时(runtime)还是需要运行时加编译器。建议运行时和编译器一起使用。这会使我们在创建模板时更容易，否则只允许在.vue 文件中使用模板。

下一个问题与 vue-router 的安装相关。请输入 yes。在此之后，会询问是否要使用 ESLint。这是一个 linting 库，它将会在每次保存时检查你的代码。出于我们的需要，在这里输入 no，因为它对我们的项目并不重要。最后两个问题是关于测试的。在后续章节中，将展示如何使用 vue-test-utils 库创建测试用例，但是现在可以对两者都回答 yes。按照代码清单 7.7，为我们的宠物商店创建一个新的 Vue-CLI 应用程序。

代码清单 7.7　终端命令行

```
$ vue init webpack petstore                        ← init 命令，用于创建新的应用程序
? Project name petstore
? Project description Petstore application for book
? Author Erik Hanchett <erikhanchettblog@gmail.com>
? Vue build standalone
? Install vue-router? Yes
? Use ESLint to lint your code? No
? Setup unit tests with Karma + Mocha? Yes
? Setup e2e tests with Nightwatch? Yes
                                                   ← 设置问题和答案
   vue-cli · Generated "petstore".

   To get started:

     cd petstore
     npm install
     npm run dev

   Documentation can be found at https://vuejs-templates.github.io/webpack
```

创建应用程序并下载模板后，需要安装所有依赖项。通过在提示符处运行以下命令，将当前目录移动到 petstore，并运行 npm install 或 YARN 以安装所有依赖项：

```
$ cd petstore
$ npm install
```

这样将为应用程序安装所有依赖项。这可能需要几分钟时间。安装完所有依赖项后，使用以下命令可以运行服务器：

```
$ npm run dev
```

打开 Web 浏览器并导航到 localhost:8080，你将会看到 Welcome to Your Vue.js App 界面，如图 7.6 所示(当服务器运行时，任何更改都将在浏览器中被热加载)。如果服务器无法启动，请确保默认的 8080 端口上没有运行其他应用程序。

现在，可以继续我们的宠物商店应用程序。

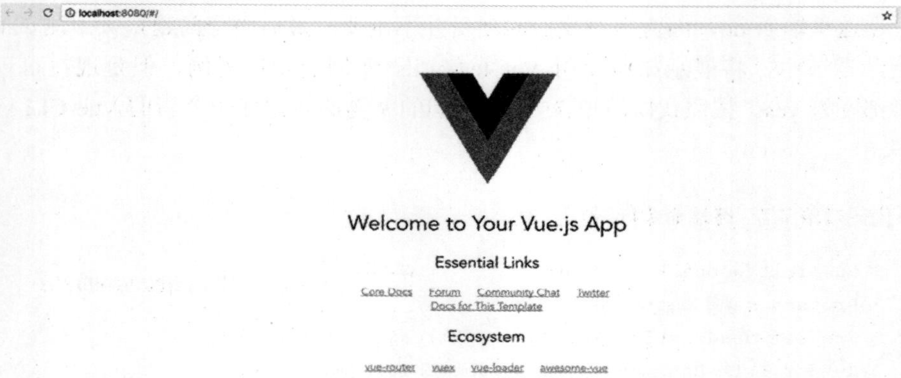

图 7.6　Vue-CLI 的默认欢迎界面

7.6.2　设置路由

Vue-CLI 附带了一个名为 vue-router 的高级路由库，这是 Vue.js 的官方路由。它支持各种功能，包括路由参数、查询参数和通配符。此外，还具有 HTML5 的 history 模式和 hash 模式，以及在 Internet Explorer 9 中自动降级的功能。你可以使用它创建所需的任何路由，而不必担心浏览器兼容性。

对于宠物商店应用程序，我们将创建两个名为 Main 和 Form 的路径。路由 Main 将显示文件 products.json 中的商品列表。路由 Form 将是我们的结账页面。

在创建的应用程序内部，打开 src/router/index.js 文件并查找 routes 数组。你可能会在其中看到默认的 Hello 路由，可以删除这条信息。更新 routes 数组，使其与代码清单 7.8 相匹配。routes 数组中的每个对象至少都有 path 和 component。path 就是需要在浏览器内部导航的 URL，通过它可以访问到路由。component 是我们将用于路由的组件的名称。

还可以选择添加 name 属性。name 属性用来代表路由。我们稍后会使用路由名称。props 是另一个可选属性，作用是告诉 Vue.js 组件是否希望将 props 发送给它。

更新完 routes 数组后，请确保将 Form 和 Main 组件导入路由。每次我们引用组件时，都必须导入组件。默认情况下，Vue-CLI 使用 ES6 导入样式。如果未导入组件，将会在控制台中看到错误信息。

最后，默认情况下，vue-router 在路由时使用 hash 模式。在浏览器中导航到表单时，Vue 会将 URL 构造为#/form 而不是/form。可以通过向路由添加 mode: 'history'来关闭。

代码清单 7.8　添加路由：chapter-07/petstore/src/router/index.js

```
import Vue from 'vue'
import Router from 'vue-router'
```

```
import Form from '@/components/Form'
import Main from '@/components/Main'

Vue.use(Router)

export default new Router({
  mode: 'history',
  routes: [
    {
      path: '/',
      name: 'iMain',
      component: Main,
      props: true
    },
    {
      path: '/form',
      name: 'Form',
      component: Form,
      props: true
    }

  ]
})
```

导入 Form 和 Main 组件

history 模式，不是 hash 模式

iMain 路由

Form 路由

首先使用路由启动任何新的应用程序是个好主意。这为构建应用程序提供了良好的提示。

7.6.3　将 CSS、Bootstrap 和 axios 添加到应用程序中

宠物商店应用程序使用了一些不同的库，我们需要将它们添加到 CLI，这可以通过以下几种不同的方法来实现。

一种方法是使用 Vue.js 特定库。随着 Vue 的不断成长，生态系统也在成长。新的 Vue.js 特定库层出不穷。例如，BootstrapVue 是一个 Vue.js 特定库，用于将 Bootstrap 添加到 Vue.js 项目中。Vuetify 是一个广受欢迎的素材设计库。我们还会看到其他几个库，但不是现在。

另一种添加库的常用方法是，将它们包含在索引文件中。如果找不到可用的 Vue.js 特定库，这种方法就会非常有用。

首先，打开宠物商店应用程序的根文件夹中的 index.html 文件。为了与第 5 章中的原始应用程序保持一致，我们将在该文件中添加 Bootstrap 3 和 axios 的 CDN 链接，如下面的代码清单 7.9 所示。在此文件中添加这些库后，现在我们可以在应用程序的任何地方访问它们。

代码清单 7.9　添加 axios 和 Bootstrap：chapter-07/petstore/index.html

```
<!DOCTYPE html>
<html>
  <head>
    <meta charset="utf-8">
    <script
src="https://cdnjs.cloudflare.com/ajax/libs/axios/0.16.2/axios.js">
</script>
    <title>Vue.js Pet Depot</title>
    <link rel="stylesheet"
href="https://maxcdn.bootstrapcdn.com/bootstrap/3.3.7/css/bootstrap
.min.css" crossorigin="anonymous">
  </head>
  <body>
    <div id="app"></div>
    <!-- built files will be auto injected -->
  </body>
</html>
```

axios 的 CDN 链接

Bootstrap 3 的 CDN 链接

有几种方法可以用来添加 CSS。正如我们稍后将会看到的，一种添加 CSS 的方法是，将范围扩展到每个组件。如果我们想要在组件中使用特定的 CSS，这会是一项有用的功能。

还可以指定能在网站的任何地方使用的 CSS。为了简单起见，我们将 CSS 添加到宠物商店应用程序中，以便应用程序中的所有组件都可以访问它们(稍后，我们将介绍如何使用作用域 CSS)。

打开 src/main.js 文件，其中保存了 Vue.js 根实例。从这里我们可以导入想要在应用程序中使用的 CSS。因为我们正在使用 Webpack，所以需要使用关键字 require 和 asset 的相对路径。

有关 Webpack 和 asset 的更多信息，请查看 https://vuejs-templates.github.io/webpack/static.html 上的文档。

将 app.css 文件复制到 src/assets 文件夹中，如下面的代码清单 7.10 所示。你可以在附录 A 中找到 app.css 的副本以及本书的代码。

代码清单 7.10　添加 CSS：chapter-07/petstore/src/main.js

```
import Vue from 'vue'
import App from './App'
import router from './router'
require('./assets/app.css')
Vue.config.productionTip = false
```

添加 app.css 到应用程序

```
/* eslint-disable no-new */
new Vue({
  el: '#app',
  router,
  template: '<App/>',
  components: { App }
})
```

在将 CSS 添加到应用程序后，每个组件都可以使用 CSS。

7.6.4　设置组件

如前所述，通过组件我们可以轻松地将应用程序拆分为更小的可重用部件。让我们将宠物商店应用程序拆分成几个较小的部分，这样就可以更轻松地开发应用程序。关于宠物商店应用程序，我们将会有 Main、Form 和 Header 组件。Header 组件将显示站点名称和导航，Main 组件将列出所有商品，Form 组件将显示结账表单。

在开始之前，删除 src/components 文件夹中的 HelloWorld.vue 文件。我们不需要使用这个文件，而是创建一个名为 Header.vue 的文件。我们要在这个文件里放入标题信息。

大多数.vue 文件遵循一种简单的模式。文件的顶部通常是模板所在的位置。模板由 template 开始和结束标签包裹。正如我们之前看到的，还必须在<template>标签中包含一个根元素。通常我们会输入一个<div>标签，但<header>标签也可以。请记住，一个模板中只能有一个根元素。

模板之后是<script>标签。这是我们创建 Vue 实例的地方。在<script>标签之后是<style>标签，可以选择将 CSS 代码放入其中并将范围限定在组件中(你将在代码清单 7.12 中看到这一点)。

我们继续从代码清单 7.11 中复制模板的代码。你会注意到模板中有一个名为 router-link 的新元素，它是 vue-router 库的一部分。router-link 元素在 Vue.js 应用程序中创建路由之间的内部链接。<router-link>标签有一个 to 属性，可以将该属性绑定到某个具名路由，我们将它绑定到路由 Main。

代码清单 7.11　Header 模板：chapter-07/petstore/src/components/Header.vue

```
<template>
<header>
  <div class="navbar navbar-default">
    <div class="navbar-header">
      <h1><router-link :to="{name: 'iMain'}">      ◀── 此链接指向 iMain 路由
        {{ sitename }}
            </router-link>
              </h1>
    </div>
    <div class="nav navbar-nav navbar-right cart">
```

```
      <button type="button"
            class="btn btn-default btn-lg"
            v-on:click="showCheckout">
        <span class="glyphicon glyphicon-shopping-cart">
            {{cartItemCount}}</span> Checkout
      </button>
    </div>
  </div>
</header>
</template>
```

　　接下来，需要为此组件创建逻辑。我们将之前的宠物商店应用程序复制并粘贴到
Header.vue 文件中。我们仍旧需要做一些修改。我们在第 5 章的最后更新宠物商店应
用程序时，使用了 v-if 指令来确定是否显示结账页面。我们创建了一种方法，在单击
Checkout 按钮时切换 showProduct。

　　下面替换之前的逻辑，跳转到之前创建的 Form 路由，而不是切换 showProduct。
正如代码清单 7.14 所示，这可通过 this.$router.push 来完成。与 router-link 类似，我们需
要为路由器提供想要导航到的路由名称。因此，我们将 Checkout 按钮导航到 Form 路由。

　　因为我们使用 router-link 将 sitename 变量修改成了链接，所以它现在看起来与以
前略有不同。我们应该通过将新的<a>标签放在<style>部分来更新 CSS。因为我们在
其中添加了 scoped 关键字，所以 Vue.js 会确保 CSS 的作用域仅限于此组件。

　　另外，你可能会注意到，代码清单 7.12 已不再使用前面章节中使用的 Vue.js 实例
构造函数。CLI 不需要构造函数，相反，使用更简单的语法——ES6 模块的默认导出
语法(export default { })，请将所有 Vue.js 代码放在这里。

　　在 CSS 中，将关闭文本装饰并将颜色设置为黑色。请将代码清单 7.11 和代码清
单 7.12 合并为一个文件。

代码清单 7.12　添加脚本和 CSS：chapter-07/petstore/src/components/Header.vue

```
<script>
export default {
  name: 'my-header',
  data () {
    return {
    sitename: "Vue.js Pet Depot",
    }
  },
  props: ['cartItemCount'],
  methods: {
    showCheckout() {
      this.$router.push({name: 'Form'});   ◄━━━  将 Vue.js 应用程序导
    }                                            航到 Form 路由
  }
}
```

```
</script>

<!-- Add "scoped" attribute to limit CSS to this component only -->
<style scoped>                          ←───── 限定作用域 CSS
a {
  text-decoration: none;
  color: black;
}
</style>
```

到此为止，这个组件的设置应该已经完成。可能你还注意到，Header 组件接收了一个名为 cartItemCount 的属性。正如你在创建 Main 组件时看到的那样，Main 组件将会传递此信息。cartItemCount 将会实时展示我们添加到购物车的商品数量。

7.6.5　创建 Form 组件

Form 组件是结账页面的载体。它将基本保持我们在第 5 章中创建的内容。最大的区别是：我们现在会在模板顶部引用新的 my-header 组件，还会将 cartItemCount 传入标题。

在 src/components 文件夹中创建一个组件，命名为 Form.vue。如代码清单 7.13 所示，模板中的 HTML 代码几乎与我们在第 5 章中看到的完全相同。唯一的变化是在文件的顶部添加了一个新的组件，用于展示标题。我们不会在这里复制全部代码，所以建议下载本书第 7 章的代码(下载说明详见附录 A)。

代码清单 7.13　创建 Form 组件：chapter-07/petstore/src/components/Form.vue

```
<template>
  <div>
  <my-header :cartItemCount="cartItemCount"></my-header>  ←─── Header 组件展示传
    <div class="row">                                          入的 cartItemCount
      <div class="col-md-10 col-md-offset-1">                  属性值
        ...
      </div><!--end of col-md-10 col-md-offset-1-->
    </div><!--end of row-->
  </div>
</template>
```

Form 组件的脚本代码类似于第 5 章中的代码。区别是它现在接收名为 cartItemCount 的属性。此外，还必须定义 Header 组件，以便在模板中使用，如下面的代码清单 7.14 所示。

代码清单 7.14　添加<script>标签：chapter-07/petstore/src/components/Form.vue

```
<script>
import MyHeader from './Header.vue';          ←───── 导入 Header 组件
```

```
export default {
  name: 'Form',
  props: ['cartItemCount'],              ◄───  传入 cartItemCount 属性
  data () {
    return {
      states: {
          ...
      },
      order: {
          ...
      }
    }
  },
  components: { MyHeader },
  methods: {
    submitForm() {
      alert('Submitted');
    }
  }
}
</script>
```

合并代码清单 7.13 和代码清单 7.14 后，一切应该都已就绪。在后续章节中，将
为输入框添加更多逻辑，但是目前这样就可以了。

7.6.6　添加 Main 组件

在宠物商店应用程序中，Main 组件将显示所有的商品。这里就是我们可以将商
品添加到购物车并查看星级评分的地方。我们已经为此编写了所有逻辑，唯一需要做
的就是将它们放入一个.vue 文件中。

与 Form 组件一样，我们将 my-header 组件添加到文件的顶部，并将 cartItemCount
传递给它。在 src/components 文件夹中创建一个名为 Main.vue 的文件，将代码清单 7.15
中的代码添加到其中。

代码清单 7.15　创建 Main 组件：chapter-07/petstore/src/components/Main.vue

```
<template>
  <div>
  <my-header :cartItemCount="cartItemCount"></my-header>    ◄─── 添加到代码中的
  <main>                                                          my-header 组件
  <div v-for="product in sortedProducts">
    <div class="row">
      <div class="col-md-5 col-md-offset-0">
        <figure>
          <img class="product" v-bind:src="product.image" >
```

```
        </figure>
      </div>
      <div class="col-md-6 col-md-offset-0 description">
        <h1 v-text="product.title"></h1>
        <p v-html="product.description"></p>
        <p class="price">
        {{product.price | formatPrice}}
        </p>
        <button class=" btn btn-primary btn-lg"
                v-on:click="addToCart(product)"
                v-if="canAddToCart(product)">Add to cart</button>
        <button disabled="true" class=" btn btn-primary btn-lg"
                v-else >Add to cart</button>
        <span class="inventory-message"
         v-if="product.availableInventory - cartCount(product.id)
         ➥ === 0"> All Out!
        </span>
        <span class="inventory-message"
        v-else-if="product.availableInventory - cartCount(product.id) < 5">
          Only {{product.availableInventory - cartCount(product.id)}} left!
        </span>
        <span class="inventory-message"
              v-else>Buy Now!
        </span>
        <div class="rating">
          <span v-bind:class="{'rating-active' :checkRating(n, product)}"
            v-for="n in 5" >☆
          </span>
        </div>
      </div><!-- end of col-md-6-->
    </div><!-- end of row-->
    <hr />
  </div><!-- end of v-for-->
  </main>
  </div>
</template>
```

添加完模板后，需要添加 Vue.js 代码。在 Main.vue 文件的顶部添加一条新的导入 MyHeader 的语句，如代码清单 7.16 所示。还需要在 data 函数之后通过引用 components：{MyHeader } 来声明组件。

在我们添加其余代码之前，请确保将 image 文件夹和 products.json 文件复制到 petstore/static 文件夹中。你可以在 https://github.com/ErikCH/VuejsInActionCode 上找到 这些文件以及本章的代码。

使用 CLI 时，有两个位置可以存储文件：assets 文件夹和 static 文件夹。asset 文 件由 Webpack 的 url-loader 和 file-loader 处理。asset 文件会在构建期间被内联/复制/

重命名，因此它们与源代码基本相同。每当引用 assets 文件夹中的文件时，都可以使用相对路径。文件./assets/logo.png 是 assets 文件夹中的图标。

Webpack 根本不会处理静态文件，它们会被直接复制到最终目的地。引用这些文件时，必须使用绝对路径。因为我们使用 products.json 文件加载所有文件，所以将文件复制到 static 文件夹并从那里引用它们会更容易。

让我们继续更新 src/components 文件夹中的 Main.vue 文件(代码清单 7.16 中没有包含 filters 和 methods)。从宠物商店应用程序中获取 Vue.js 实例的 data、methods、filters 和生命周期钩子，并将它们添加到 Main.vue 文件中模板的下面。

代码清单 7.16　为 Main.vue 创建脚本：chapter-07/petstore/src/components/Main.vue

```
<script>
import MyHeader from './Header.vue'        ◄─── 将 MyHeader 导入项目
export default {
  name: 'imain',
  data () {
    return {
      products: {},
      cart: []
    }
  },
  components: { MyHeader },
  methods: {
    ...
  },
  filters: {
    ...
  },
  created: function() {
    axios.get('/static/products.json')
    .then((response) =>{
      this.products=response.data.products;   ◄─── products.json 文件位于具
      console.log(this.products);                   有绝对路径的 static 文件
    });                                             夹中
  }
}
</script>
```

复制文件后，在 App.vue 文件中删除 styles 和 logo.png 的<img>标签。如果愿意的话，还可以删除 assets 文件夹中的 logo.png 文件。如果尚未启动的话，请确保运行 npm run dev 以重新启动 Vue-CLI 服务器。你应该可以看到宠物商店应用程序启动了，可以通过单击 Checkout 按钮导航到结账页面(参见图 7.7)。如果提示任何错误，请仔细检查控制台。例如，如果忘记在 index.html 中导入 axios 库，就像在代码清单 7.9 中所做的那样，你将会看到一条错误信息。

图 7.7　用 Vue-CLI 打开宠物商店应用程序

7.7　路由

现在，我们的应用程序已经使用了 Vue-CLI，接下来让我们深入了解路由(Routing)。在本章的前面，我们设置了几条路由。在本节中，我们将继续添加更多路由。

在类似于 Vue.js 的任何单页面应用程序中，路由有助于应用程序的导航功能。在宠物商店应用程序中，有一条 Form 路由。加载应用程序并跳转到/form 时，将会加载 Form 路由。与传统的 Web 应用程序不同，加载路由不必从服务器发送数据。当 URL 发生变动时，Vue 路由器会拦截请求并显示相应的路由。这是一个重要的概念，因为它允许我们在客户端创建所有路由，而不必依赖服务器。

本节将介绍如何创建子路由，使用参数在路由之间传递信息，以及如何设置重定向和通配符。我们不打算涵盖所有内容，因此如果需要更多信息，请访问 https://router.vuejs.org/en/以查看 Vue 官方路由文档。

7.7.1　添加带参数的商品路由

在我们的应用程序中，只有两条路由：Main 和 Form 路由。让我们再为商品添加一条路由。设想一下，宠物商店应用程序获得了新的需求。我们被告知要添加商品描述页面。这可以通过匹配带参数的动态路由来实现。参数是发送在 URL 中的动态值。添加新的商品描述路由后，将使用 URL 查找商品页面，如图 7.8 所示。请注意为什么顶部的 URL 是 product/1001？这就是动态路由。

我们在路由文件中使用冒号(:)指定动态路由。这样就可以告诉 Vue.js：将/product 之后的任何路由与 Product 组件匹配。换言之，/product/1001 和/product/1002 这两条路由都将由 Product 组件处理。1001 和 1002 将作为参数 id 传递给组件。

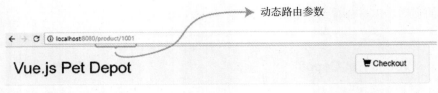

图 7.8   商品 1001 的动态路由参数

在宠物商店应用程序内，查找 src/router 文件夹。index.js 文件中有我们现成的路由设置。复制以下代码清单 7.17 中的代码片段，并添加到 src/router/index.js 文件的 routes 数组中。确保在顶部导入了 Product 组件。接下来将创建这个组件。

代码清单 7.17   编辑路由文件：chapter-07/route-product.js

```
import Product from '@/components/Product'
...
    },
    {
        path: '/product/:id',        ← 动态路由参数 id
        name: 'Id',
        component: Product,
        props: true
    }
...
```

我们有一个带有参数 id 的动态路径参数。我们将路由的名称设置为 Id，以便稍后使用 router-link 组件时方便查找。如上所述，下面创建 Product 组件。

Product 组件的内容就是我们将从路由参数中检索到的某件商品。我们的目的是在组件内显示商品信息。

在商品模板中，可以访问到$route.params.id。这样可以显示传递给参数的 id 值。我们将在组件的顶部显示 id 以验证它是否已正确传递。

将代码清单 7.18 中的代码复制到新文件 src/components/Product.vue 中，粘贴到组件文件的顶部。

```html
<template>
  <div>
    <my-header></my-header>
    <h1> This is the id {{ $route.params.id}}</h1>
    <div class="row">
      <div class="col-md-5 col-md-offset-0">
        <figure>
          <img class="product" v-bind:src="product.image" >
        </figure>
      </div>
      <div class="col-md-6 col-md-offset-0 description">
        <h1>{{product.title}}</h1>
        <p v-html="product.description"></p>
        <p class="price">
          {{product.price }}
        </p>
      </div>
    </div>
  </div>
</template>
...
```

`$route.params.id` 用于展示传入的 id

模板很简洁，组件底部的逻辑和脚本稍微复杂一些。要在模板中加载正确的商品，我们需要使用传入的 id 获取到正确的商品。

幸运的是，通过简单的 JavaScript，就可以做到这一点。我们将再次使用 axios 库来访问文件 products.json。这次将使用 JavaScript 的 filter 函数仅返回 id 与 this.$route.params.id 匹配的商品。filter 函数应仅返回一个值，因为所有 id 都是唯一的。如果由于某些原因结果并非如此，请仔细检查 products.json 文件并确保每个 id 都是唯一的。

最后，在代码清单 7.19 中，需要在返回的 this.product.image 的前面添加'/'字符。需要这样做是因为我们使用了动态路由匹配，文件的相对路径可能会导致问题发生。

```javascript
...
  <script>
  import MyHeader from './Header.vue'
  export default {
    components: { MyHeader },
    data() {
    return {
      product: ''
    }
  },
```

导入 Header 组件

```
created: function() {
  axios.get('/static/products.json')        用 axios 库获取
                                            静态文件
  .then((response) =>{
                                                     过滤响应数据
    this.product = response.data.products.filter(
        data => data.id == this.$route.params.id)[0]
    this.product.image = '/' + this.product.image;   仅添加路由参数匹配
                                                     this.product 的数据
  });                        在 product.image 的前面
                            添加 '/' 以组成相对路径
  }
}
```

复制代码清单 7.19 中的代码并添加到 src/components/Product.vue 文件的底部，确保这个文件中存在代码清单 7.18 和代码清单 7.19 中的代码。

有了 Product 组件，我们现在可以保存文件并打开 Web 浏览器。我们还无法直接访问路由，但可以在浏览器中输入 http://localhost:8080/product/1001 并按回车键，这将显示第一个商品。

故障 诊断　如果路由未加载，请打开控制台并查找是否有错误信息。确保将数据保存在路由文件中；否则，路由将不会加载。人们很容易忘记在 this.product.image 的前面添加'/'。

7.7.2　设置带标签的 router-link

除非在应用程序内添加链接，否则路由可能无用。如若不然，用户必须记住每个 URL。使用 Vue 路由，我们可以轻松地路由到特定路径。最简单的方法之一，是本章前面介绍过的使用 router-link 组件。可以使用:to 属性定义需要的目标路由。这可以绑定到某个指定路径或定义了要导航到的路由名称的对象。例如，<router-link :to="{ name: 'Id' }"> Product</router-link>将路由到具名路由 Id。在我们的应用程序中，它就是 Product 组件。

组件 router-link 还有一些其他技巧。该组件有许多额外的属性，可以添加更多功能。在本节中，将重点介绍 active-class 和 tag 属性。

设想一下，宠物商店应用程序已经获得了另一项需求。我们希望 Checkout 按钮在用户导航到 Form 路由时显示为已单击式样。当用户离开路由时，按钮必须恢复正常状态。可以通过在激活路由时向按钮添加名为 active 的样式类来执行此操作，并当用户不在路由上时删除该样式类。还需要为用户添加一种方法来单击任何商品的标题，并让它路由到商品描述页面。

完成以上一切操作之后，当用户单击 Checkout 按钮我们的应用程序将如图 7.9 所示。当用户位于结账页面时，请注意按钮的外观。

下面将链接添加到新的商品页面。打开 src/Main.vue 文件，查找显示{{product.title}} 的<h1>标签。删除它并添加一个新的 router-link。在 router-link 中添加 tag 属性。tag 属性用于将 router-link 转换为列出的标签。在这种情况下，router-link 将在浏览器中显示为<h1>标签。

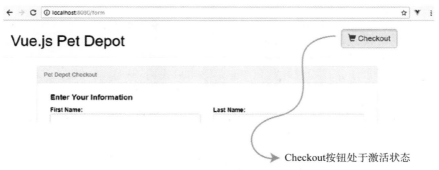

图 7.9　Checkout 按钮将更新为新样式

　　to 属性用于表示链接的目标路由。它有一个可选的描述符对象，我们可以传递给它。要发送参数，请使用语法 params: {id: product.id}。这告诉 Vue 路由：将 product.id 作为 id 发送到动态路由参数。例如，如果 product.id 为 1005，则路由为/product/1005。

　　打开文件 src/Main.vue，并使用以下代码清单 7.20 中的代码更新组件。注意:to如何拥有两个不同的属性：name 和 params。可以用逗号分隔每个属性。

代码清单 7.20　更新 Main 组件的 router-link：chapter-07/route-link-example.html

```
...                                      router-link 开始
<div class="col-md-6 col-md-offset-0 description">          router-link 被转换成显
    <router-link                                            示<h1>标签
 tag="h1"
       :to="{ name : 'Id', params: {id: product.id}}">    路由目标是 Id，传入参数
       {{product.title}}
 </router-link>                                             可单击文本
 <p v-html="product.description"></p>
...
```

　　保存并运行 npm run dev 命令后打开浏览器。现在可以单击任何商品的标题，导航到 Product 组件。参数 id 将被发送到 Product 路由并用于显示商品。

查询参数

　　查询参数(query parameter)是在路由之间发送信息的另一种方式。参数将被附加到 URL 的末尾。可以使用查询参数发送商品 id，而不是使用动态路由参数。要使用 Vue 路由添加查询参数，你需要做的就是向描述符对象添加 query 属性，如下所示：

```
<router-link tag="h1":to=" {name : 'Id', query:
➥ {Id: '123'}}">{{product.title}}</router-link>
```

　　可以添加多个查询参数，但每个参数必须用逗号分隔，例如{Id: '123', info: 'erik'}，这将在 URL 中显示为?id=123&info=erik。可以在模板里使用$route.query.info 访问查

询参数。如果想了解有关查询参数的更多信息，请查看 https://router.vuejs.org/en/pi/ router-link 上的官方文档。

7.7.3　设置带样式的 router-link

我们的一个要求是在用户导航到 Form 路由后找到一种激活 Checkout 按钮的方法。active-class 属性使这很容易实现。当路由处于活动状态时，router-link 会自动将分配给 active-class 属性的任何值添加到标签上。因为我们正在使用 Bootstrap，所以类名 active 会使按钮看起来像被激活。

打开文件 src/components/Header.vue，为{{cartItemCount}}更新按钮元素。删除现有按钮并添加 router-link，如下面的代码清单 7.21 所示。还可以删除 showCheckout 方法，因为已不再需要它了。

代码清单 7.21　当路由被激活时更新 Header 链接：chapter-07/header-link.html

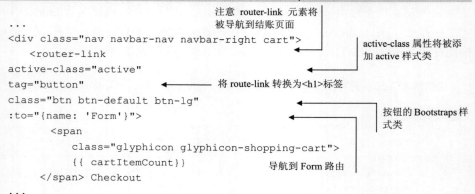

将更改保存到 Header 组件并导航应用程序。如果打开浏览器控制台，你将会看到每次单击后如何将 active 样式类添加到 Header 组件内的 Checkout 按钮上。再次导航到路由 Main 时，active 样式类会被删除。仅当路由处于激活状态时，才会将 active 样式类添加到 Checkout 按钮上。当用户离开 Form 路由时，将删除 active 样式类。

从 Vue 2.5.0 开始，每当用户更改路由时，都会有一个新的 CSS 类被添加，名为 router-link-exact-active 样式类。我们可以使用这个现成的样式类并定义功能。假设我们希望样式类是 active 时将链接更改为蓝色。

在文件 src/components/Header.vue 中，在底部添加一个新的 CSS 选择器 bottom:，从以下代码清单 7.22 中复制代码段。当路由处于激活状态时，将这个类添加到 router-link 元素。

代码清单 7.22　Router-link-exact-active：chapter-07/route-link.css

```
...
.router-link-exact-active {
  color: blue;
}
...
```

当路由处于激活状态时
将元素设置成蓝色

保存文件并在浏览器中导航。当路由处于激活状态时,你会注意到标题中的 Checkout 按钮文本变为蓝色。在本书的其余部分,我们将此 CSS 选择器更改为黑色,因为蓝色看起来不如黑色好看。如果我们哪天需要用到,就会知道这非常有用。

7.7.4　添加子编辑路由

新的 Id 路由用于显示每个商品,但我们假设需要添加一种方法来编辑每个商品。下面添加另一条路由,该路由将显示在用户单击 Edit Product 按钮时触发的 Product 路由内。

> **注意**　为简单起见,我们不会实现编辑功能。基于当前的实现,我们无法将更改保存到静态文件。相对而言,我们更专注于如何添加子路由,修改商品的实现留到以后再说。

子路由就是嵌套路由。它们非常适合需要编辑或删除信息的场景。可以通过在父路由中添加 router-view 组件来访问这些路由。

完成以上所有这一切操作后,新的 Edit 子路由应该如图 7.10 所示。注意 URL 中的 product/1001/Edit。

① URL表明现在位于Edit子路由。

② 路由参数。

③ 在Edit子路由上显示商品编辑信息。

图 7.10　商品的 Edit 子路由

首先添加一个新的组件。在 src/components 文件夹中，添加一个新文件，命名为 EditProduct.vue。复制代码清单 7.23 中的代码并添加到 src/components/EditProduct.vue 文件中。

代码清单 7.23　添加 EditProduct 组件：chapter-07/edit-comp.vue

```
<template>
 <div>
   <h1> Edit Product Info</h1>
 </div>
</template>
<script>
   export default {        ◀── 编辑商品的功能未来实现
       //future
   }
</script>
```

在 Product 组件内部，添加 router-view 组件。router-view 组件是 Vue 路由的内部组件，用于新路由的端点。激活此路由后，EditProduct 组件将显示 router-view 组件的内容。

复制代码清单 7.24 中的代码并编辑 src/components/Product.vue 文件，在文件底部添加一个新的按钮和 router-view 组件。该按钮将触发新的 edit 方法。这样就会跳转到 Edit 子路由并激活它。

代码清单 7.24　添加 Edit Product 按钮：chapter-07/edit-button.vue

```
...
  </p>
  <button @click="edit">Edit Product</button>   ◀── 触发 edit 方法的按钮
  <router-view></router-view>    ◀── router-view 组件是路由的入口点
</div>
...
methods: {
   edit() {
     this.$router.push({name: 'Edit'})   ◀── 使用$router.push 激活 Edit 子路由
   }
},
```

现在我们已经准备好更新路由文件中的内容。在 Id 路由中添加一个名为 children 的新数组。在 children 数组中，我们将添加 Edit 子路由和 EditProduct 组件。

从代码清单 7.25 中获取代码并更新 src/router/index.js 文件。更新 Id 路由并添加新的 children 数组。确保在文件的顶部导入 EditProduct 组件。

代码清单 7.25　更新路由，添加新的子路由：chapter-07/child-route.js

```
import EditProduct from '@/components/EditProduct'
```

```
import Product from '@/components/Product'
...
{
    path: '/product/:id',
    name: 'Id',
    component: Product,
    props: true,
    children: [            ◄─── 定义一个新的子路由，它只出现在 Id 路由中
      {
        path: 'edit',
        name: 'Edit',
        component: EditProduct,
        props: true
      }
    ]
},
...
```

保存 index.js 文件并在浏览器中查看新路由。单击 Edit Product 按钮，你将会看到消息 Edit Product Info。如果路由未加载，请仔细检查控制台中的错误并再次验证 index.js 文件。

7.7.5　使用重定向和通配符

要介绍的最后两个 Vue 路由功能是重定向和通配符路由。假设宠物商店应用程序有一项最终需求。我们需要确保如果有人意外输入错误的 URL，能够路由回主页面。这是通过通配符路由和重定向完成的。

创建路由时，可以使用通配符(也称为*符号)来捕获任何尚未被其他路由覆盖的路由。必须在所有其他路由的底下添加此路由。

redirect 选项将浏览器重定向到另一个路由。继续编辑 src/routes/index.js 文件。在路由的底部，添加代码清单 7.26 中的代码。

代码清单 7.26　添加通配符路由：chapter-07/wildcard-route.js

```
...
{
  path: '*',          ◄─── 捕获全部
  redirect:"/"        ◄─── 重定向到"/"
}
...
```

保存文件并尝试浏览/anything 或/testthis。这两个 URL 都会路由回主路由"/"。

导航守卫

顾名思义，就是通过重定向或取消路由来守卫导航。如果能在用户进入路由前尝

试验证用户，这可能会非常有用。使用导航守卫的其中一种方法是在路由配置对象中直接添加 beforeEnter 守卫，如下所示：

```
beforeEnter (to, from, next) => { next() }
```

还可以在任何组件内添加 beforeEnter(to, from, next)钩子，这会在加载路由之前被加载。next()告诉路由是否继续。调用 next(false)将阻止路由加载。如果想了解更多信息，请参阅官方文档 https://router.vuejs.org/guide/advanced/navigationguards.html。

作为参考，代码清单 7.27 展示了完整的 src/routes/index.js 文件。

代码清单 7.27　完整的路由文件：chapter-07/petstore/src/router/index.js

```
import Vue from 'vue'
import Router from 'vue-router'
import Form from '@/components/Form'
import Main from '@/components/Main'
import Product from '@/components/Product'
import EditProduct from '@/components/EditProduct'
Vue.use(Router)

export default new Router({
  mode: 'history',
  routes: [
    {
      path: '/',
      name: 'iMain',
      component: Main,
      props: true,
    },
    {
      path: '/product/:id',        ← 注意 id 动态路径参数
      name: 'Id',
      component: Product,
      props: true,
      children: [                  ← Id 路由内的子路由
        {
          path: 'edit',
          name: 'Edit',
          component: EditProduct,
          props: true
        }
      ]
    },
    {
      path: '/form',
      name: 'Form',
```

```
      component: Form,
      props: true
    },
    {                          在路由的底部捕获全部，并重定向到"/"
                        ◄──────┤
      path: '*',
      redirect:"/"
    }
  ]
})
```

懒加载

Vue-CLI 使用 Webpack 打包 JavaScript 代码。这个包可能会变得很大。这可能会因为较大的应用程序或用户的 Internet 连接速度较慢而影响加载时间。可以使用 Vue.js 异步组件功能和使用延迟加载进行代码拆分，从而有助于减少包的大小。这个概念超出了本书的讨论范围，但强烈建议你查阅官方文档以获取更多信息。可以在 https://router.vuejs.org/guide/advanced/lazy-loading.html 上找到官方文档。

路由是大多数 Vue 应用程序的基础。任何复杂度超过 "Hello World" 示例的应用程序都需要用到它们。确保花时间适当地规划路由，让它们具有逻辑意义。使用子路由指定添加或编辑等内容。在路由之间传递信息时，不要害怕使用参数。如果遇到路由问题，请不要忘记查看 http://router.vuejs.org/en 上的官方文档。

7.8　练习题

运用本章介绍的知识回答下面的问题：
说出两种可以在不同路由之间导航的方式。
请参阅附录 B 中的解决方案。

7.9　本章小结

- 使用插槽可以使应用程序在向组件传递信息时更加动态。
- 在应用程序内使用动态组件可以在组件之间切换。
- 向应用程序添加异步组件可以提高响应速度。
- 可以使用 Vue-CLI 转换应用程序。
- 可以使用 props 在组件之间传值。
- 子路由可用于编辑父路由内的信息。

第 *8* 章

转场和动画

本章涵盖:

- 理解转场类
- 使用动画
- 添加 JavaScript 钩子
- 更新宠物商店应用程序

在第 7 章我们学习了高级组件的使用方法,并讨论了如何通过单文件组件将应用程序拆分成较小的部分。在本章中我们将学习如何在 Vue.js 中实现转场和动画。我们首先用内置的动画和转场类做一些简单的动效,然后介绍如何用 JavaScript 钩子实现动画,最后介绍如何实现组件之间的转场。在本章的结尾部分,我们会更新宠物商店应用程序,添加一些转场和动画。

8.1 转场基础

要在 Vue.js 创建转场,必须先了解 transition 元素。在 Vue.js 中,这个特别的元素用来在一个或多个元素上添加转场和动画。transition 元素可以包裹一组条件语句、一个动态组件或某个组件的根节点。

转场组件根据特定条件，在 DOM 中插入或移除。比如，v-if 指令可以添加或移除它所依附的元素。转场组件可以识别此操作发生时是否有任何 CSS 转场或动画。然后在适当的时机通过添加或移除 CSS 类来创建转场和动画。也可以在组件上添加特殊的 JavaScript 钩子来创建更复杂的动效场景。如果没有找到 CSS 转场和动画，插入和移出 DOM 节点的操作会被即时触发；相反则会额外附加相应的动效。下面来看一个示例。

假设你正在创建一个网站，该网站需要展示一个书籍列表。你希望用户能通过单击书名来切换显示或隐藏书籍的详情描述。在之前的章节中我们已经学过，通过 v-if 指令可以实现这个功能。

但你希望在单击书名后，详情描述有淡入效果。然后当再次单击书名后，详情描述有淡出效果。在 Vue.js 中，你可以使用 CSS 转场和 transition 元素来实现此效果。

打开编辑器，创建一个应用程序，如代码清单 8.1 所示。先用<h2>标签在页面的顶部展示一部假想书籍的虚构书名。再用一个<div>标签包裹在外面，并用@click 给它附上单击事件。通过触发单击事件我们就可以切换变量 show 的状态。如果 show 为 true，当用户单击时，就把 show 切换为 false。如果 show 为 false，单击之后就切换成 true。

在<body>标签中新增一个 transition 元素。该元素同样能添加 name 属性。把 name 属性设为 fade。transition 元素中包裹着带有 v-if 指令的标签。这个指令可以切换显示书籍的详情描述。在应用程序的底部添加一个包含 data 函数的 Vue 构造函数，用来承载所有应用程序所需要的变量。

代码清单 8.1 创建详情描述转场：chapter-08/transition-book-1.html

```
<!DOCTYPE html>
<html>
<head>
  <script src="https://unpkg.com/vue"></script>
</head>
<body>
  <div id="app" >
    <div @click="show = !show">          ◄——— 标注<div>标签用来切换变量
      <h2>{{title}}</h2>                        show 的 true 或 false 状态
    </div>
    <transition name="fade">             ◄——— 新的被命名为 fade 的转
      <div v-if="show">                        场元素
        <h1>{{description}}</h1>         ◄——— 用来切换是否显示详
      </div>                                   情描述的 v-if 指令
    </transition>
  </div>
```

```
<script>
new Vue({                          ← Vue.js 的构造函数
el: '#app',
data() {                           ← 包含所有变量的 data 函数
    return {
      title: 'War and Peace',
      description: 'Lorem ipsum dolor sit amet,
                  consectetur adipiscing elim',
      show: false
    }
  }
});
</script>
</body>
</html>
```

在浏览器中加载应用程序并打开。你应该可以看到类似于图 8.1 的页面。如果单击书名，详情描述将会出现在书名下方。本例没有转场效果，单击书名可以关闭或打开详情描述。如果要添加转场效果，必须添加转场类。

① 书籍的书名可以单击。

War and Peace

Lorem ipsum dolor sit amet, consectetur adipiscing elim

② 单击后通过show属性切换文本。

图 8.1　没有转场效果的切换

在代码清单 8.1 的基础上，在\<head\>元素中添加一个\<style\>标签。为简单起见，我们在本例中使用内联\<style\>标签的方式添加 CSS 样式。这样就不必单独新增 CSS 文件了。

在 Vue.js 中，有六种 CSS 类可以实现进场和出场的转场效果。在这个例子中我们将用到其中的四种：v-enter-active、v-leave-active、v-enter 和 v-leave-to。另外两种是 v-enter-to 和 v-leave，稍后会用到。

在代码清单 8.1 中，我们没有添加任何动画类。如前所述，如果没有添加 CSS 类，v-if 条件指令会即时生效，过程中无任何 CSS 转场效果。因此，需要添加 CSS 转场类来实现淡入淡出效果。首先，让我们来看看其中的每个类在新增或删除 DOM 的时候都做了什么。请注意一帧就是一组属性，用来描绘出需要在当前窗口中渲染的所有元素。表 8.1 中是你应该了解的所有 CSS 转场类。

当添加或删除 DOM 中的元素时，Vue 会在不同的时间添加和移除这些类。可以使用这些元素来构造转场和动画。有关转场类的更多信息，请查看 http://mng.bz/5mb2 上的官方文档。

表 8.1　CSS 转场类

转场类	描述
v-enter	这是第一个状态。在元素被插入前添加，在元素被插入后的下一帧移除
v-enter-active	只要元素进入 DOM 中，该类就会被添加到元素中。该类在插入元素之前添加，并在转场/动画完成时移除。你可以在此处设定整个转场的持续时间 (duration)、延迟(delay)和时间曲线(easing curve)
v-enter-to	该类在 Vue.js 2.1.8 以上版本中引入。在插入元素后的下一帧添加，并在转场/动画完成时移除
v-leave	该类在元素被移出 DOM 时立刻添加，并在下一帧移除
v-leave-active	这是离场动画/转场的激活状态，类似于 v-enter-active。你可以使用它来设置离开转场/动画的持续时间(duration)、延迟(delay)和时间曲线(easing curve)。该类在触发离场时立刻添加，在转场/动画完成时移除
v-leave-to	类似于 v-enter-to，在 Vue.js 2.1.8 以上版本中引入。这是离场的最终状态。该类在触发离场的下一帧添加，在动画/转场完成时移除

下面在 Header 组件的 style 元素中添加转场。在添加这些类之前，你可能已经在代码清单 8.1 中注意到我们在 transition 元素中添加了 name 属性。因为我们添加了 name 属性，所以 CSS 类名将以添加的名称 fade 而不是 v-开头。如果选择不将 name 属性添加到 transition 元素中，则类名将仍旧是 v-enter-active、v-leave-active 等。相反，类名将以 fade 开头，例如 fade-enter-active、fade-leave-active 等。

在之前的代码清单 8.1 中，在应用程序代码的<style>标签内添加了 fade-enter-active 和 fade-leave-active CSS 转场类。如前所述，active 样式类是用来设置 CSS 转场的延时的。在本例中，将设置透明度(opacity)、2.5 秒以及 ease-out。这会创建耗时 2.5 秒的很棒的淡入淡出效果。

接下来，添加 fade-enter 和 fade-leave-to。这会将初始透明度设置为 0。这可以保证淡入效果是从不透明度 0 开始的。更新之前的例子，查看一下加上这些新样式后会有什么效果，参见代码清单 8.2。为简单起见，我们移除了其他代码，因为这部分代码已经出现在代码清单 8.1 中。你可以随时查阅本书附带的完整代码。

代码清单 8.2　详情描述的淡入淡出转场效果：chapter-8/transition-book.html

```
...
<style>
.fade-enter-active, .fade-leave-active {        ← 激活状态显示了持续时长和转场速度变化的设定
 transition: opacity 3.0s ease-out;
}

.fade-enter, .fade-leave-to {        ← 将进入和离开状态的透明度都设为 0
```

```
    opacity: 0;

  }
</style>
...
```

用浏览器加载这个文件并打开浏览器开发工具。当单击书名并查看源代码时，你可能会注意到一些有趣的地方。如图 8.2 所示，在 3 秒的淡入效果持续期间内，你会看到在包裹详情描述的元素上添加了 fade-enter-active 和 fade-enter-to 两个类。

这些类只在淡入效果持续期间出现

图 8.2　当元素被添加到 DOM 时出现的类

这些类只在淡入效果持续期间出现。之后，这些类将会被移除。当再次单击书名时，它们会让文字开始淡出。如图 8.3 所示，你会在浏览器中看到，在转场期间 face-leave-active 和 fade-leave-to 被添加到了 HTML 节点上。

这些类只在元素淡出时出现

图 8.3　当元素从 DOM 中移除时出现的类

当正要从 DOM 中移除元素时这些类才被临时加上。这就是 Vue.js 动画和转场的实现方式。通过在不同的时间点添加和移除类，Vue.js 可以创建优雅的转场和动画。

8.2　动画基础

动画是 Vue.js 所擅长的另一个重要功能。你可能想知道动画和转场之间的区别。转场是指元素从一种状态转移到另一种状态，而动画则具有多种状态。在上个例子中，我们看到了如何实现从文字到文字的淡入淡出转场效果。

动画略有不同。每个动画都可以有多种状态，它们在同一个定义中。你可以用动画制作出漂亮的动效，例如创建复杂的移动效果或者将多个动画串联在一起。动画可以做成和转场的效果一样，但它们不是转场。

接下来在上个例子的基础上添加一个动画。其他部分的代码相同，只不过这次我们用 CSS Keyframe 来实现漂亮的回弹效果。我们想要这个动画能让书名在被单击后动态放大并淡出。打开文本编辑器，复制代码清单 8.2 中的代码。将转场的名字改为 bounce，如代码清单 8.3 所示。

代码清单 8.3　放大动画：chapter-08/animation-book-1.html

```
<div @click="show = !show">
  <h2>{{title}}</h2>
</div>
<transition name="bounce">            ◀──┐ bounce 转场
  <div v-if="show">
    <h1>{{description}}</h1>
  </div>
</transition>
```

现在我们来添加新的动画。这个动画需要用到 enter-active 和 leave-active 类。首先删除旧的 CSS transition 元素。然后添加 bounce-enter-active 和 bounce-leave-active 类。在 bounce-enter-active 类中添加一个两秒的 bounceIn CSS 动画。添加同样的内容到 bounce-leave-active 类并添加 reverse。

接下来创建 CSS Keyframe 动画。使用@keyframes 并添加 0%、60%和 100%。我们使用 CSS 转场，设置 scale 在 0%时为 0.1，在 60%时为 1.2，在 100%时为 1。我们还将 opacity 从 0 更改为 1。把以上这些都添加到样式中，如代码清单 8.4 所示。

代码清单 8.4　放大回弹动画：chapter-08/animation-book.html

```
...
<style>
.bounce-enter-active {              ◀──┐ 进入激活状态时使用 Keyframe
animation: bounceIn 2s;                │ bounceIn 动画
```

```
}
.bounce-leave-active {
animation: bounceIn 2s reverse;
}

@keyframes bounceIn {
0% {
  transform: scale(0.1);
  opacity: 0;
}
60% {
  transform: scale(1.2);
  opacity: 1;
}
100% {
  transform: scale(1);
}
}
</style>
```

离开激活状态时也使用 Keyframe bounceIn 动画

Keyframe bounceIn 动画

在 0%时设置 scale 为 0.1、opacity 为 0

在 60%时设置 scale 为 1.2、opacity 为 1

最终动画到达 100%时设置 scale 为 1

在浏览器中打开文件并查看动画。你应该能看到在单击书名之后文字淡入并放大的效果，再次单击则会淡出。图 8.4 是动画进行到一半时的截图。

图 8.4　转场效果的截屏

这个动画使文字变大并且在最后回弹。

8.3　JavaScript 钩子

Vue.js 提供的转场和动画类应该能满足大多数基本转场和动画需求，但 Vue.js 为我们提供了更强大的解决方案以备万一。可以设置 JavaScript 钩子来做更复杂的转场和动画。我们可以通过组合钩子与操作和导向 CSS 的 JavaScript 来实现这些。

这些钩子可能会让你想起在前几章的 Vue.js 生命周期中讨论过的钩子。这些 JavaScript 钩子用法类似，但仅用于转场和动画。在使用这些钩子前有几点需要注意。首先，在使用 enter 和 leave 钩子时必须始终使用 done 回调，否则它们将被同步调用，转场会在瞬间结束。此外，在编写只用 JavaScript 实现的转场时添加 v-bind:css="false" 是个好主意，这样 Vue 就可以跳过与转场相关的所有 CSS 检测。最后要记住的是，除了 enter 和 leave 在参数中传入 done 外，所有钩子都传入 el 或 element 参数。如果仍感到有些困惑，请不要担心；稍后将说明工作原理。

进入转场时可以使用的 JavaScript 钩子有 beforeEnter、enter、afterEnter 和 enterCancelled。当转场要结束时，可以使用 beforeLeave、leave、afterLeave 以及 leaveCancelled。所有这些钩子都在动画的不同时间节点触发。

想象一下，我们正在更新之前的书籍示例，这次希望使用 JavaScript 钩子而不是 CSS 类，把同样的动画重新编写一遍。我们应该怎么做？先从代码清单 8.4 中的代码开始，删除 bounce-enter-active 和 bounce-leave-active 类。保留 Keyframe 相关的代码。但是这次用 JavaScript 钩子 enter 和 leave 在 JavaScript 中执行动画。

下面修改 transition 元素，把刚才提到的 JavaScript 钩子都加上。为此，需要用上 v-on 指令或者简写为@符号。然后为 before-enter、enter、before-leave、leave、after-leave、after-enter、enter-cancelled 和 leave-cancelled 都加上 JavaScript 钩子，参见代码清单 8.5。

代码清单 8.5　JavaScript 钩子转场：chapter-08/jshooks-1.html

```
<transition name="fade"          ◄———┐ 转场相关的所有钩子
    @before-enter="beforeEnter"
    @enter="enter"
    @before-leave="beforeLeave"
    @after-enter="afterEnter"
    @enter-cancelled="enterCancelled"
    @leave="leave"
    @after-leave="afterLeave"
    @leave-cancelled="leaveCancelled"
    :css="false">
```

接下来，需要在 Vue 实例的 methods 对象中添加 JavaScript 钩子。为了使其正常运行，它们需要在动画完成时侦测到。这样，就可以在完成时清除样式并执行事件的 done 回调。done 是 enter 和 leave 这两个 JavaScript 钩子中的参数。done 回调必须在这两个钩子中执行。因此，需要创建一个新的事件监听器。

事件监听器通过监听 animationend 来确认动画是否完成。动画完成后，回调将重置样式并执行 done 回调。我们将在 HTML 文件中的 Vue 构造函数的上方添加代码清单 8.6 中的代码。

代码清单 8.6　JavaScript 钩子事件监听器：chapter-08/jshook-2.html

```
function addEventListener(el, done) {
  el.addEventListener("animationend", function() {   ◄———┐ 监听动画结束的
    el.style="";                                          事件监听器
    done();
  });
```

现在只用到 leave 和 enter，但还需要将剩下的所有 JavaScript 钩子都添加到项目中。在每个钩子里都写上控制台日志，这样就可以知道它们都是何时被触发的。

将一个新的 methods 对象添加到 Vue.js 实例中，然后将所有被你添加到转场中的 JavaScript 钩子都添加到这个 methods 对象里。在 enter 方法中，调用之前创建的 addEventListener，并传入参数 element 和 done，如代码清单 8.7 所示。接下来，我们将使用 JavaScript 来设置动画。el.style.animationName 是在样式中创建的 Keyframe 动画的名称。将 el.style.animationDuration 设置为 1.5 秒。

在 leave 钩子中，添加相同的 animationName 和 animationDuration。我们还要添加 el.style.animationDirection 并设置为 reverse。这样当从 DOM 中移除元素时，动画将被反向执行。

代码清单 8.7　JavaScript 钩子方法：chapter-08/jshooks.html

```
...
  methods: {
    enter(el, done) {                    ← enter 钩子
      console.log("enter");
      addEventListener(el,done);         ← 在 enter 钩子里调用
      el.style.animationName = "bounceIn"   addEventListener 函数
      el.style.animationDuration = "1.5s";
    },
    leave(el, done) {                    ← leave 钩子
      console.log("leave");
      addEventListener(el,done);         ← 在 leave 钩子里调用
      el.style.animationName = "bounceIn"   addEventListener 函数
      el.style.animationDuration = "1.5s";
      el.style.animationDirection="reverse";
    },
    beforeEnter(el) {                    ← beforeEnter 钩子
      console.log("before enter");
    },
    afterEnter(el) {                     ← afterEnter 钩子
      console.log("after enter");
    },
    enterCancelled(el) {                 ← enterCancelled 钩子
      console.log("enter cancelled");
    },
    beforeLeave(el) {                    ← beforeLeave 钩子
      console.log("before leave");
    },
    afterLeave(el) {                     ← afterLeave 钩子
      console.log("after leave");
    },
    leaveCancelled(el) {                 ← leaveCancelled 钩子
```

```
          console.log("leave cancelled");
      }
    }
  });
...
```

这个示例的运行效果应该跟代码清单 8.4 的运行效果是一样的。单击书名后动画
开始。如果再次单击，动画会反向执行。注意观察控制台。当首次单击书名时，你会
看到控制台中先后出现 before enter、enter，最后是 after enter，如图 8.5 所示。

动画开始后控制台中的日志，它们来
自于之前编写的JavaScript钩子

图 8.5　单击书名后钩子被触发

你可以看到这些钩子的执行顺序。after enter 钩子直到动画完成之后才被触发。再
次单击书名之后，就能看到钩子的触发顺序。如图 8.6 所示，首先是 before leave，然
后是 leave，最后是 after leave。

动画转场结束时控制台中的日志，
它们也来自于JavaScript钩子

图 8.6　将元素从 DOM 中移除时钩子也被触发

如果仔细观察开发工具中的 source，将会发现在每次单击后都有 CSS 样式被添加
或移除。这很像之前编写的那些 CSS 转场类。

8.4　组件的转场

在上一章中，我们研究了动态组件。这些组件可以通过使用 is 特性轻松切换显示，

is 特性指向反射当前所选组件的变量。

　　可以像之前使用 v-if 条件指令一样使用组件转场。为简单起见，我们会对第 7 章中的 dynamic-components.html 示例做一点修改。将代码清单 7.5 复制一份并按以下步骤修改。

　　首先，使用<transition name="component-fade">元素包裹动态组件<component: is="currentView"/>。在继续之前，先介绍一下转场模式。

　　默认情况下，在转场组件时，你会注意到一个组件在转入的同时另一个组件在转出。这可能并不会总像预期那样。我们可以为转场添加 mode 特性，可以将它设置为 in-out 或 out-in：如果设置为 in-out，则新元素先转入，然后在完成时当前元素转出；但如果设置为 out-in，则当前元素首先转出，然后在完成时新元素转入。out-in 模式是本例中所需要的，这样前一个组件在新组件出现之前就会淡出。在本例中，使用<transition name="component-fade" mode="out-in">包裹我们的动态组件。

　　接下来，需要添加转场类，如下面的代码清单 8.8 所示。添加 component-fade-enter-active 和 component-fade-leave-active 转场类。我们将为 component-fade-enter 和 component-fade-leave-to 添加 opacity:0。

代码清单 8.8　动态组件的转场：chapter-08/component-transition.html

```
<!DOCTYPE html>
<html>
<head>
<script src="https://unpkg.com/vue"></script>
<style>
.component-fade-enter-active, .component-fade-leave-active {
  transition: opacity 2.0s ease;
}
.component-fade-enter, .component-fade-leave-to {
  opacity: 0;
}

</style>
</head>
<body>
  <div class="app">
    <button @click="cycle">Cycle</button>
    <h1>
      <transition name="component-fade" mode="out-in">
        <component :is="currentView"/>
      </transition>
    </h1>
  </div>
<script>
const BookComponent ={
```

用于淡入淡出组件的转场类

设置了透明度的转场类

设置转场组件为 out-in 模式

```
  template: `
  <div>
    Book Component
  </div>
  `

}
const FormComponent = {
  template: `
  <div>
    Form Component
  </div>
`

}
const HeaderComponent = {
template: `
<div>
Header Component
</div>
`

}
new Vue({
  el: '.app',
  components: {'book-component': BookComponent,
              'form-component': FormComponent,
              'header-component': HeaderComponent},
  data() {
    return {
      currentView: BookComponent
    }
  },
  methods: {
      cycle() {
        if(this.currentView === HeaderComponent)
          this.currentView = BookComponent
        else
          this.currentView = this.currentView === BookComponent ?
FormComponent : HeaderComponent;
      }
    }
})
</script>
</body>
</html>
```

用浏览器运行当前代码，可以看到 Cycle 按钮。单击这个按钮后，之前的 Book 组件会淡出，而新的 Form 组件会淡入。图 8.7 就是该动效执行到一半时的截图。

如果再次单击 Cycle 按钮，Form 组件会淡出转到 Header 组件，然后再次回到 Book 组件。

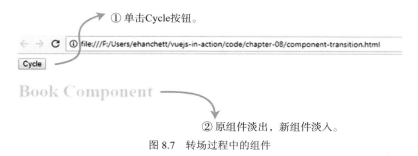

① 单击Cycle按钮。

② 原组件淡出，新组件淡入。

图 8.7　转场过程中的组件

8.5　更新宠物商店应用程序

在上一章中我们更新了宠物商店应用程序，改为使用 Vue CLI 的单文件组件形式。现在我们掌握了转场和动画，可以把它变得更炫丽一些。

请记住，根据所创建 Web 应用程序的不同，对动画和转场的使用有时可能会过度。除非你正在创建一个高度交互的应用程序，否则应该尽量少用动画和转场。对于该应用，将添加一个动画和一个转场。

8.5.1　在宠物商店应用程序中添加转场

在宠物商店应用程序中，我们希望页面在路由间跳转时淡入淡出。所以在跳转到结账页面和回到主页时，需要加上淡入淡出的转场。就像我们之前所做的那样，可以用 Vue.js 动画类来实现。图 8.8 展示了从主页过渡到结账页面时的样子。

从本书附带的源代码中找到第 7 章中编写的宠物商店应用程序。进入 src 文件夹的 App.vue 文件。这个文件是我们在第 7 章中设置路由的地方。类似于我们在之前的例子中所做的那样，添加一个 transition 元素并让它包裹 router-view。确保添加了 mode 值 out-in，如代码清单 8.9 所示。

接下来，将 fade-enter-active 和 fade-leave-active 类添加到底部的 <style> 标签中。设置转场为 opacity 再加上 0.5 秒的 ease-out。添加 fade-enter 和 fade-leave-to 类，并将 opacity 设置为 0。

图 8.8　将页面转场至结账页面

代码清单 8.9　向宠物商店应用程序添加转场：chapter-08/petstore/src/App.vue

```
<template>
<div id="app">
<transition name="fade" mode="out-in">          mode 为 out-in 的转场组件
<router-view></router-view>                     包裹在 router-view 外
</transition>
</div>
</template>
<script>
export default {
name: 'app'
}
</script>
<style>
#app {
}
.fade-enter-active, .fade-leave-active {          用于设置转场参数
transition: opacity .5s ease-out;                的 Vue.js 转场类
}
.fade-enter, .fade-leave-to {                     用于设置透明度
opacity: 0;                                       的 Vue.js 转场类
}
</style>
```

完成这些修改后，保存文件并运行 npm run dev 命令。这时 Web 服务器会启动，页面会从浏览器里跳出来。如果没有，导航到 localhost:8081 并检查应用程序。单击 Checkout 按钮和主页，你会看到页面的淡入淡出效果。

8.5.2　在宠物商店应用程序中加入动画

在将商品加入购物车时，我们添加了一些 v-if、v-else-if 和 v-else 指令。这样可以让用户知道有多少剩余库存可以让他们添加到购物车里。当库存耗尽时，会显示"All Out!"。我们添加一个动画，当某件商品售罄时，文字振动并且变红。我们要用之前学到的 CSS 类来实现这个效果。图 8.9 展示了"All Out!"动画左右晃动的截图。

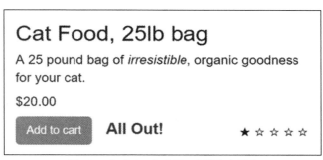

图 8.9 "All Out!"动画，文字左右晃动

打开 Main.vue 文件并且一直滚动到底部。我们将使用其中一个动画类 bounce-enter-active 来创建这个动画。我们不关心从 DOM 中删除元素时的动画，因此将跳过添加 leave-active 类。

添加一个动画，振动文本大约 0.72 秒。我们将使用 CSS cubic-bezier 和 transform 来实现。此外，用 10%的步进设置 Keyframe 动画。将以下代码清单 8.10 中的代码复制到 Main.vue 文件中。

代码清单 8.10 添加动画到宠物商店应用程序：chapter-08/petstore/src/components/Main.vue

```
...
<style scoped>
.bounce-enter-active {                    ← 动画开始时的 bounce-
  animation: shake 0.72s cubic-bezier(.37,.07,.19,.97) both;    enter-active 类
  transform: translate3d(0, 0, 0);
  backface-visibility: hidden;
}
@keyframes shake {                        ← 特定的 Keyframe 动画
  10%, 90% {
    color: red;
    transform: translate3d(-1px, 0, 0);
  }

  20%, 80% {
    transform: translate3d(2px, 0, 0);
  }

  30%, 50%, 70% {
    color: red;
    transform: translate3d(-4px, 0, 0);
  }
```

```
    40%, 60% {
      transform: translate3d(4px, 0, 0);
    }
  }
</style>
...
```

添加 CSS 后，需要为动画添加 transition 元素。在 Main.vue 文件中，查找库存消息。每条消息都有 inventory-message 类。添加 transition 元素并包裹 inventory-message 类。确保将 mode="out-in"添加到转场中，如代码清单 8.11 所示。

在前面的示例中，仅对一个元素做了转场或动画。要在多个元素上实现动画，需要在 v-else-if 和 v-if 指令中添加 key 特性。否则，Vue 的编译器不能正确地为内容执行动画。

key 特性	当希望多个 transition 元素具有相同的标签名时，就需要使用 key 特性。要让它们互相区分，必须添加唯一的 key 特性。在处理转场组件的多个选项时，始终添加 key 特性是一种好习惯。

我们在 v-else-if 和 v-if 指令上添加了 key 特性。在 v-else-if 指令上这个特性为空值。这是有意而为之，这样就不会有动效了。对于 v-if 指令，我们将 key 设为 0。

代码清单 8.11　在宠物商店应用程序的 transition 元素上添加动画：chapter-08/petstore/
src/components/Main.vue

```
...
<transition name="bounce" mode="out-in">          ◄── 带有 mode 特性的
                                                       bounce 转场
  <span class="inventory-message"
        v-if="product.availableInventory - cartCount(product.id) === 0"
        key ="0">                          ◄── 添加到 v-if 指令上
        All Out!                               的 key 特性，设为 0
  </span>
  <span class="inventory-message"
        v-else-if="product.availableInventory - cartCount(product.id) < 5"
    key="">                                                              ◄──
    Only {{product.availableInventory - cartCount(product.id)}} left!
  </span>                                    另一个 key 特性为空值，
  <span class="inventory-message"           这样就不会有动效了
        v-else key="">Buy Now!
  </span>
</transition>
...
```

打开 Web 服务器，运行 npm run dev 命令，尝试一下宠物商店应用程序。单击 Add to cart 按钮，直到库存耗尽。你会看到"All Out!"文本晃动了几秒并且变成红色。

8.6　练习题

运用本章介绍的知识回答下面的问题:

动画和转场之间有什么区别?

请参阅附录 B 中的解决方案。

8.7　本章小结

- 转场可以移动页面上的元素。
- 动画可以缩放,也可以用代码实现文本的缩放。
- JavaScript 动画钩子可以用于制作复杂的动画。
- 动态组件的转场对于文本循环很有用。

第 *9* 章

扩展 Vue

本章涵盖:

- 学习 Mixin 相关知识
- 理解自定义指令
- 使用 render 函数
- 实现 JSX

在上一章中，我们讨论了转场和动画。在本章中，我们将介绍在 Vue.js 中复用代码的不同方法。这很重要，因为它让我们能扩展 Vue.js 应用程序的功能并使它们更加健壮。

我们首先介绍 Mixin。这是一种在组件之间共享信息的方法，基本上是把功能"混合"到组件中。在任何 Vue.js 组件中，你都能看到它们具有相同的方法和属性。接着，将介绍自定义指令。自定义指令允许我们注册自己的指令，我们可以使用它们来创建我们想要的任何功能。然后将介绍 render 函数。使用 render 函数，我们不仅能使用普通模板，还能使用 JavaScript 创建自己的模板。最后，将介绍如何使用 JSX

实现 render 函数，JSX 是一种在 JavaScript 中使用的类 XML 语法。

　　不必担心，我们并没有忘记宠物商店应用程序。在第 10 章中我们将会通过 Vuex 再次介绍它。

9.1　用 Mixin 实现功能复用

　　Mixin 是许多项目的绝佳工具。通过它们，我们可以将一小部分功能抽离并在一个或多个组件之间共享并使用。在编写 Vue.js 应用程序时，你会注意到组件看起来很相似。编程设计的一个重点是被称为 DRY(Don't Repeat Yourself，不要重复自己)的概念。如果发现在多个组件中需要重复相同的代码，那么可以将这些代码重构成 Mixin。假设你有一个应用程序，需要从顾客那里收集电话号码或电子邮件地址。在设计时我们让这个应用程序包含两个不同的组件。每个组件都将包含一个带有输入和按钮的表单。当用户单击按钮时，会触发一个警告框，显示输入框中的文本。当我们完成时，效果将如图 9.1 所示。

图 9.1　多组件的 Mixin 示例

　　这个例子展示了如何将逻辑提取为 Mixin，在本例中，被提取的是处理按钮单击和弹出警告框的逻辑。这样可以保持代码整洁并避免重复代码。要完成这个示例，需要创建一个名为 mixins.html 的文件。首先，为 Vue.js 添加<script>标签和<link>标签，以便我们添加 Bootstrap 样式。然后，添加基本的 HTML 布局。HTML 将使用 Bootstrap 的网格布局，其中包含一行三列。将第一列设置为 col-md-3，偏移量为 col-md-offset-2。此列将显示第一个组件。下一列的列尺寸为 col-md-3。第三列的列尺寸为 col-md-3，显示最后一个组件。

　　打开 mixins.html 文件，然后在以下代码清单 9.1 中输入 HTML 代码。这是此例的代码的第一部分。我们将在整个过程中添加更多代码。如果想查看此例的完整代码，请在本书的源代码中查找 mixins.html。

代码清单 9.1 创建 Mixin HTML/CSS：chapter-09/mixin-html.html

```
<!DOCTYPE html>
    <script src="https://unpkg.com/vue"></script>
    <link rel="stylesheet"
        href="https://maxcdn.bootstrapcdn.com/bootstrap/3.3.7/css
/bootstrap.min.css">                            ◄─── 在文件中添加 Bootstrap
<html>                                               CSS 代码
<head>
</head>
<body>
  <div id="app">
    <div id="container">
      <h1 class="text-center">{{title}}</h1>
      <div class="row">
第一个组件    <div class="col-md-3 col-md-offset-2">   ◄───┐
        ──►  <my-comp1 class="comp1"></my-comp1>        │
      </div>                                            │
      <div class="col-md-3">                        ◄───┤ Bootstrap 网格里
          <h2 class="text-center">Or</h2>               │ 的列布局
      </div>                                            │
      <div class="col-md-3">                        ◄───┘
        <my-comp2 class="comp2"></my-comp2>     ◄─── 第二个组件
      </div> <!--end col-md-2-->
    </div><!-- end row -->
    </div> <!-- end container -->
  </div> <!-- end app -->
```

　　HTML 部分我们已经添加了，现在来处理 Vue.js 代码。打开 mixins.html 文件并添加一对开始和结束<script>标签。在此例中，值得一提的是，我们没有将单文件组件与 Vue-CLI 一起使用。如果一起使用，效果也一样。唯一的区别是每个组件和 Mixin 都在自己的文件中。

　　在开始和结束<script>标签之间添加新的 Vue 实例。在 Vue 实例中，将添加一个返回标题的数据对象。因为我们正在使用组件，所以还需要声明此例中使用的两个组件。将代码清单 9.2 中的代码添加到 mixins.html 文件中。

代码清单 9.2 添加 Vue.js 实例：chapter-09/mixins-vue.html

```
...
<script>
  new Vue({                   ◄─── Vue.js 根实
    el: '#app',                    例的声明
    data() {
      return {
        title: 'Mixin in example using two components'  ◄─── 返回标题的数
                                                              据对象
```

```
    }
  },
  components:{
      myComp1: comp1,              ←──  组件 myComp1 和
      myComp2: comp2                    myComp2 的声明
  }
});
</script>
```

我们还有其他一些事情要做，需要同时添加我们的组件和 Mixin。每个组件都需要展示文本、显示输入框和按钮。按钮需要接收你在输入框中输入的任何内容并且触发警告框。

每个组件在某些方面都会有相似点。它们都有一个标题，都有一个输入框，并且都有一个按钮。单击按钮后，它们的行为方式也相同。首先，创建组件但让每个组件(实例)的视觉外观和感觉不同似乎是个好主意。例如，每个按钮的样式不同，输入框本身也接收不同的值。对于本例，我们仍创建两个独立的组件。

话虽如此，但我们在模板之间仍然有相似的逻辑。需要创建一个 Mixin 来处理一个名为 pressed 的函数，它会显示一个警告框。打开 mixin.html 文件，在 Vue.js 实例的上面添加一个名为 myButton 的新常量。确保添加了 pressed 函数、一个警告框以及返回 item 的数据对象，如下面的代码清单 9.3 所示。

代码清单 9.3　添加 Mixin：chapter-09/my-mixin.html

```
<script>                    Mixin 对象 myButton
const myButton = {      ←──
  methods: {                    ←──  Mixin 的方法
    pressed(val) {    ←──
      alert(val);              名为 pressed 的函
    }                          数会触发警告框
  },
  data() {
      return {
          item: ''
      }
  }
}
...
```

现在 Mixin 已经就绪，我们可以继续添加组件。在 myButton 对象的下面，添加两个名为 comp1 和 comp2 的新组件。每个组件都包含一个<h1>标签、一个表单和一个按钮。

在 comp1 中，输入框将使用 v-model 指令将输入值绑定到名为 item 的属性。在按钮中，我们将使用 v-on 指令的简写符号@将 click 事件绑定到 pressed 函数。然后把 item 属性传递给 pressed 函数。最后，将创建的 Mixin 添加到 comp1 的声明中。我们在底

部添加 mixins 属性数组，如代码清单 9.4 所示。

代码清单 9.4　继续添加组件：chapter-09/comp1comp2.html

```
...
const comp1 = {                          ← 组件 comp1 的声明
  template: `<div>
  <h1>Enter Email</h1>
  <form>
    <div class="form-group">
      <input v-model="item"              ← 输入框用 v-model
      type="email"                         指令绑定 item 属性
      class="form-control"
      placeholder="Email Address"/>
    </div>
    <div class="form-group">
      <button class="btn btn-primary btn-lg"
    @click.prevent="pressed(item)">Press Button 1</button>   ←
    </div>                               用 v-on 指令的别名@绑定单
  </form>                                击事件到 pressed 函数
  </div>`,
  mixins: [myButton]                     ← 组件中对 Mixin
                                           使用的声明
}
const comp2 = {
  template: `<div>
  <h1>Enter Number</h1>
    <form>
      <div class="form-group">           ← v-model 指令将输入
        <input v-model="item"              框绑定到 item 属性
        class="form-control"
        placeholder="Phone Number"/>
      </div>
      <div class="form-group">
        <button class="btn btn-warning btn-lg"
    @click.prevent="pressed(item)">Press Button 2</button>   ←
      </div>                             用 v-on 指令的别名@绑定
    </form>                             单击事件到 pressed 函数
  </div>`,
  mixins:[myButton]                      ← 底部的 Mixin
  }                                        声明
...
```

对于 comp2，将添加一个<h1>标签、一个表单、一个输入框和一个按钮。对于此组件，我们将使用 v-model 指令绑定 item 属性。对于按钮将使用 v-on 指令，可简写为@，将单击事件绑定到 pressed 函数，就像我们在 comp1 中所做的一样。将 item 属性传递到方法中。与其他组件一样，需要通过底部的 mixins 属性数组来定义想要在组件中使用的 Mixin。

对此我们不会详细介绍,但我们还是在表单元素中添加了基本的 Bootstrap 类来设置它们的样式。

打开浏览器,加载我们正在修改的 mixins.html 文件。可以看到图 9.1 所示的效果。接着在 Enter Email 输入框中输入一个 Email 地址。然后单击按钮,你应该会看到一个警告框,如图 9.2 所示。

图 9.2 单击按钮之后的效果

同样,在 Phone Number 输入框中输入也会产生相似的效果。

全局 Mixin

到目前为止,我们已经使用了在每个组件内部声明的具名 Mixin。另外还有一种 Mixin,称为全局 Mixin,它们不需要任何类型的声明。全局 Mixin 影响应用程序中创建的每个 Vue 实例。

使用全局 Mixin 时需要谨慎。如果使用任何特殊的第三方工具,它们就会受到全局 Mixin 的影响。当需要把自定义逻辑添加到每个 Vue.js 组件和实例时,可以使用全局 Mixin。假设需要为应用程序添加身份验证,并且希望通过验证的用户身份可以在应用程序的每个 Vue 组件中使用。这时可以创建全局 Mixin,而不是在每个组件中注册 Mixin。

下面再看一下刚才的应用程序。我们改为使用全局 Mixin。首先,从上一个示例中复制一份 mixins.html 文件,命名为 mixins-global.html。我们将在此文件中重构应用程序。

在<script>标签内查找 const myButton 行。为了使用全局 Mixin,需要将它从 const 更改为 Vue.mixin。Vue.mixin 告诉 Vue.js 这是一个全局 Mixin,它必须注入每个实例。

删除 const 行并在顶部添加一行，内容为 Vue.mixin({。接下来，在底部闭合括号，如下面的代码清单 9.5 所示。

代码清单 9.5　全局 Mixin：chapter-09/global-mixin.html

```
...
Vue.mixin({                    ◄────   全局 Mixin
  methods: {                            的声明
    pressed(val) {
      alert(val);
    }
  },
  data() {
      return {
          item: ''
      }
  }
});                            ◄────   注意闭
...                                    合括号
```

现在我们已经声明了全局 Mixin，可以在组件中删除 myButton 的声明。从每个组件中删除 mixins:[myButton] 行。好了，现在你已经在使用全局 Mixin 了。如果使用浏览器加载新创建的 mixins-global.html 文件，效果应该与之前看到的完全相同。

故障　如果你遇到任何运行问题，可能是因为在组件定义的底部留下了 Mixin 声明。
诊断　请务必删除应用程序中对 myButton 的任何引用，否则会报错。

9.2　通过示例学习自定义指令

在前 8 章中，我们研究了各种指令，包括 v-on、v-model 和 v-text。但是，如果需要创建自己的特殊指令，该怎么办呢？这时候就需要用到自定义指令了。自定义指令为我们提供了对普通元素的底层 DOM 的访问能力。可以在页面上添加任何元素，添加指令并为其提供新功能。

请记住，自定义指令与组件和 Mixin 不同。Mixin、自定义指令和组件，都有助于促进代码重用，但存在差异。组件非常适合把大量功能拆分成较小的部分并简化为标签来提供。通常，组件由多个 HTML 元素组成，并包含一个模板。Mixin 非常擅长将逻辑分成更小的可重用代码块，这些代码块可以在多个组件和实例中共享。自定义指令适用于向元素添加底层 DOM 访问能力。在使用这三者中的任何一个之前，请花点时间了解以下哪一个最适合用来解决你的问题。

存在两种类型的指令：局部指令和全局指令。其中，全局指令可以在整个应用程序中的任何元素的任何位置访问。通常，当你创建指令时，会希望它们是全局指令，这样可以在任何地方使用它们。

局部指令只能在注册指令的组件中使用。当只需要在一个组件中使用某个自定义指令时，这很好用。例如，可以创建仅适用于某个组件的选择下拉列表控件。

在逐个研究之前，先创建一个简单的局部自定义指令来设置颜色和字体大小，并为元素添加 Bootstrap 类名。完成后，效果应该如图 9.3 所示。

用自定义指令添加文本的示例

图 9.3   用自定义指令添加 Hello World 文本

打开一个新文件并命名为 directive-example.html。在新文件中，添加简单的 HTML 代码。HTML 代码中应该包含 Vue 的\<script\>标签和 Bootstrap CDN 的样式表。在我们的应用程序中，将创建一个名为 v-style-me 的新指令，参见代码清单 9.6。该指令将依附在\<p\>标签上。

代码清单 9.6   Vue.js 局部自定义指令：chapter-09/directive-html.html

```
<!DOCTYPE html>
<html>
<head>
    <script src="https://unpkg.com/vue"></script>
    <link rel="stylesheet"                                    ←———  添加到应用程序中
href=https://maxcdn.bootstrapcdn.com/bootstrap/3.3.7/css/bootstrap         的 Bootstrap
➥.min.css>
</head>
<body>
  <div id='app'>
    <p v-style-me>                      ←———  自定义指令
        {{welcome}}                             v-style-me
    </p>
  </div>
</div>
```

所有自定义指令都以 v-开头。现在，我们在\<p\>标签上有了自定义指令，可以将 Vue 逻辑添加到应用程序中。

创建 Vue 实例和 data 函数。data 函数将返回一条欢迎消息。接下来，需要添加一个 directives 对象。这将注册一个局部自定义指令。在该 directives 对象中，我们可以创建指令。

创建一个名为 styleMe 的指令。每个指令都能访问它可以使用的一些参数。

● el：指令绑定的元素。

- binding：包含多个属性的对象，包括 name、value、oldValue 和 expression(有关完整列表，请参阅 http://mng.bz/4NNI 上的自定义指令指南)。
- VNode：Vue 编译器生成的虚拟节点。
- oldVnode：上一个虚拟节点。

我们的示例中将仅使用元素的 el 参数，这始终是列表中的第一个参数。请记住，styleMe 元素采用驼峰式命名约定，所以指令应写为 v-style-me。

所有自定义指令都必须指定一个钩子。这与我们在前面章节中看到的生命周期和动画钩子非常相似，自定义指令也有许多类似的钩子。这些钩子在自定义指令的生命周期的不同时间点被调用。

- bind：当指令绑定到元素时，仅被调用一次。这是进行初始化的好地方。
- insert：当绑定元素被插入父节点时调用。
- update：在内含组件的 VNode 更新后调用。
- componentUpdate：在内含组件的 VNode 及其子级更新后调用。
- unbind：当指令从元素解除绑定时调用。

你可能想知道 VNode 是什么。在 Vue.js 中，VNode 是 Vue 在启动应用程序时创建的虚拟 DOM 的一部分。VNode 是 Virtual Node(虚拟节点)的简写，用于 Vue.js 与 DOM 交互时创建的虚拟树。

对于我们的简单示例，将使用 bind 钩子。一旦将指令绑定到元素，bind 钩子就会被触发。bind 钩子是初始化元素和设置元素样式的好地方。如果使用 JavaScript 设置，将使用元素的 style 和 className 方法。首先在 bind 钩子中设置颜色(color)为蓝色，然后设置字体大小(fontSize)为 42px，最后设置样式类名称(className)为 text-center。

继续更新 directive-example.html 文件，参见代码清单 9.7。

代码清单 9.7　Vue 实例中的局部指令：chapter-09/directive-vue.html

```
<script>
  new Vue({
  el: '#app',
  data() {
    return {                          返回 welcome 属
      welcome: 'Hello World'          性的 data 函数
    }
  },
  directives: {                       指令在这里
                                      被注册
    styleMe(el, binding, vnode, oldVnode) {
                                      局部自定义指令
      bind: {                         的名称和参数
        el.style.color = "blue";      bind 钩子
        el.style.fontSize= "42px";
        el.className="text-center";
      }
```

```
      }
    }
  });
</script>
</body>
</html>
```

加载浏览器，你应该可以看到 Hello World 消息。现在有了这个自定义指令，我们就可以在任何元素上使用它。创建一个新的 div 元素并添加 v-style-me 指令。你会注意到，在刷新浏览器后，文本居中了，字体大小变了，文字颜色也变成了蓝色。

带修饰符、数值和参数的全局自定义指令

我们现在有了一个局部指令，下面介绍一下全局指令的使用。将刚才编写的简单示例改造一下，看看如何使用绑定参数。使用绑定参数，我们可以为自定义指令添加一些新功能。下面给指令赋予传递文本颜色的能力。另外，我们将添加一个修饰符，以便可以选择文本的大小，并且为类名传递一个参数。完成后，效果将如图 9.4 所示。

图 9.4   使用带绑定参数的全局自定义指令

将最后一个示例从 directive-example.html 复制到 directive-global-example.html。需要做的第一件事是从 Vue.js 实例中删除 directives 对象。进入新创建的 directive-global-example.html 文件，删除 data 对象下面的 directives 对象。

接下来，需要创建一个新的 Vue.directive。这意味着我们正在 Vue.js 中创建一个全局指令。第一个参数是指令的名称，可命名为 style-me。然后指定钩子的名称。我们将采用与上一个示例中相同的方式使用 bind 钩子。

在 bind 钩子中，我们将有两个参数：el 和 binding。第一个参数 el 是元素本身。正如在前面的示例中所做的那样，我们通过操作 el 参数来更改元素的 fontSize、className 和 color 属性。第二个参数是 binding，包含以下几个属性：binding.modifiers、binding.value 和 binding.arg。

我们将使用的最简单的 binding 属性是 binding.value。在将新的自定义指令添加到元素时，我们可以通过它指定一个值。例如，我们可以绑定 'red' 给 binding.value，如下

所示：

```
v-style-me="'red'"
```

还可以使用对象字面量来传递多个值：

```
v-style-me ="{color: 'orange', text: 'Hi there'}"
```

然后，可以使用 binding.value.color 和 binding.value.text 来访问传入的每个值。在代码清单 9.8 中，可以看到我们将元素 el.style.color 设置成了 binding.value。如果 binding.value 不存在，则默认为蓝色。

可通过在自定义指令的末尾添加一个句点来访问 binding.modifiers：

```
v-style-me.small
v-style-me.large
```

当我们对 binding.modifers.large 取值时，它将返回 true 或 false，这取决于元素是否附加了自定义指令声明。在代码清单 9.8 中，可以看到我们检查了 binding.modifiers.large 的值是否为 true。如果为 true，就将字体大小设置为 42px；如果 binding.modifiers.small 为 true，就将字体大小设置为 17px。如果这两个修饰符都不存在，则不会更改字体大小。

下面介绍最后一个绑定属性 binding.arg，它在自定义指令中用冒号声明，然后是名称。在此例中，text-center 是参数：

```
v-style-me: text-center
```

现在可以将修饰符、参数和数值串在一起。我们可以将这三者结合起来，将 binding.arg 设置为 'red'，将 binding.modifier 设置为 large，将 binding.value 设置为 text-center。

```
v-style-me:text-center.large="'red'"
```

添加全局自定义指令后，请确保返回到 HTML 并添加第二个自定义指令，其中包含显示 Hi everybody 的文本。在本节中，将使用绑定的 small 修饰符，如下面的代码清单 9.8 所示。

代码清单 9.8　Vue 全局指令完整示例：chapter-09/directive-global-example.html

```
<!DOCTYPE html>
    <script src="https://unpkg.com/vue"></script>
    <link rel="stylesheet"
href="https://maxcdn.bootstrapcdn.com/bootstrap/3.3.7/css/bootstrap
.min.css">                                    ← 添加到应用程序中
<html>                                           的 Bootstrap CSS
<head>
</head>
<body>
```

```
    <div id='app'>
        <p v-style-me:text-center.large="'red'">          带有数值、参数和修
            {{welcome}}                                    饰符的自定义指令
        </p>
        <div v-style-me.small>Hi everybody</div>
    </div>                                                 第二个自定义指令,
</div>                                                     只带有修饰符
<script>
  Vue.directive('style-me', {                  ◄——   全局自定义指令,使用 bind 钩子
    bind(el, binding) {
        el.style.color = binding.value || "blue";         把 binding.value 传
                                                           给元素的 el.style.
        if(binding.modifiers.large)                        color,没有则设置
          el.style.fontSize= "42px";        通过判断 binding.modifiers  为蓝色
        else if(binding.modifiers.small)    的值是来改变字体大小
          el.style.fontSize="17px"
        el.className=binding.arg;
    }                                                  将 binding.arg 传给
  });                                                  元素上的类名
new Vue({
  el: '#app',
  data() {
    return {
      welcome: 'Hello World'
    }
  }
});
</script>
</body>
</html>
```

用浏览器加载代码后,你应该能看到页面上会显示 Hello World。请注意第二段文本 Hi everybody 不是居中显示的,并且比屏幕左侧的文本小。之所以这样,是因为我们对第二段文本的 v-style-me 指令只使用了 small 修饰符。在这种情况下,虽然改变了字体大小,但默认颜色仍为蓝色。

如果仔细查看源代码,就会注意到第二个文本 div 中有了一个 undefined 类,这是因为我们在自定义指令中将 binding.arg 分配给了 el.className。但是,因为我们没有声明 binding.arg 传送的 text-center 这个类,所以默认情况下它是未定义的。为了避免这种情况发生,最好在设置为 el.className 之前检查一下 binding.arg。

9.3　render 函数和 JSX

到目前为止,我们已经使用模板编写了本书的所有 Vue.js 应用程序示例。模板大

部分时候很好用，但有时需要充分利用 JavaScript 的所有功能。对于这些情况，我们可以定义自己的 render(渲染)函数，而不是使用模板。render 函数的运行机制与模板类似。这样你就必须使用 JavaScript 输出 HTML。

JSX 是一种类 XML 语法，通过插件可以被转换成 JavaScript。这是我们可以在 JavaScript 中定制 HTML 的方式，就像 render 函数一样。render 函数更常用于另一个前端框架 React 中。借助于 Babel 插件，我们可以在 Vue.js 中使用 JSX 的全部功能。

使用 JSX 与使用 render 函数不同。要使用 JSX，需要安装一个特殊的插件。但是 render 函数不用任何设置就可以在 Vue.js 实例中使用。

根据笔者的经验，使用 Vue.js 中的 render 函数来创建复杂的 HTML 很困难。诸如 v-for、v-if 和 v-model 之类的通用指令都不可用。虽然可以选用这些指令，但是必须编写额外的 JavaScript 代码。但 JSX 是非常合适的选择。JSX 社区很大，语法更接近模板，而且仍然可以获得 JavaScript 的所有功能。用于 JSX 的 Babel 插件也维护得很不错。出于这些原因，在转到 JSX 之前，本节只会简单地介绍一下 render 函数。

提示 如果想更详细地了解 render 函数，请查看 https://vuejs.org/v2/guide/render-function.html 上的官方指南。

9.3.1　render 函数示例

下面使用 render 函数创建一个简单的例子。假设有一个全局的 Vue.js 组件，它有一个名为 welcome 的属性。我们希望用页面中的 HTML 标题显示 welcome 属性的值。我们将使用一个名为 header 的属性来传递要使用的标题样式：h1、h2、h3、h4 或 h5。此外，我们将在信息展示处添加一个单击事件，触发单击事件后会显示一个警告框。为了好看点，将使用 Bootstrap 的类。确保在<h1>标签上还有一个套用了 text-center 的类。完成后，效果将如图 9.5 所示。

图 9.5　使用 render 函数的示例

创建一个名为 render-basic.html 的文件。在这个文件中，写入我们的小应用程序。在创建组件之前，先创建 HTML。在 HTML 中，添加 Vue 的脚本和指向 Bootstrap CDN 的链接。

在<body>标签中，编写一个 id 为 app 的<div>标签和一个新组件 my-comp。<div>标签可有可无，我们也可以直接将 app 分配给 my-comp 组件。为了清晰起见，我们保留<div>标签。在 my-comp 组件内部，将有一个名为 header 的属性，将它设为 1。在 my-comp 组件的开始和结束标签之间，输入名称 Erik。请记住，在前一章中提到过，组件括号之间的任何内容都可以通过插槽引用。可以使用 render 函数引用插槽内容，这一内容后面会提及。将代码清单 9.9 中的代码复制并粘贴到 render-basic.html 文件中。

代码清单 9.9   用 render 函数渲染简单的 HTML：chapter-09/render-html.html

```
<!DOCTYPE html>
<html>
<head>                                             添加 Vue.js 脚本
    <script src="https://unpkg.com/vue"></script>  ◄
    <link rel="stylesheet"
        href="https://maxcdn.bootstrapcdn.com/bootstrap/3.3.7/css/
        bootstrap.min.css
    ">                                             添加 Bootstrap
</head>                                             样式表
<body>
    <div id="app">
        <my-comp header="1">Erik</my-comp>  ◄      添加带有 header 属
    </div>                                          性的组件
<script>
```

现在 HTML 已经就绪，我们必须添加一个 Vue.js 根实例才能添加全局组件。在页面底部的<script>标签内添加 new Vue({el: '#app'})。

添加 Vue.js 根实例之后，开始创建全局组件。确保在全局组件之后创建 Vue.js 根实例，否则会报错。在组件中需要做的第一件事是编写一个返回欢迎信息的 data 函数。另外还需要声明 header 属性。

与之前不同，我们在组件上声明了 render 函数而不是 template 属性。在 render 函数内部，将有一个名为 createElement 的参数(有时可能会看到这里显示为 h，它们其实是一样的东西)。在 render 函数中，必须返回带有正确参数的 createElement。

当返回 createElement 时，说明你就在通过 HTML 中定义的描述元素和子元素来构建虚拟 DOM。这也称为虚拟节点(VNode)。你实际上是在创建呈现虚拟 DOM 的 VNode 树。

从代码清单 9.10 可以看出，createElement 接收三个参数。第一个参数是字符串、象或函数。这通常是 DOM 元素的存放位置，例如 div。第二个参数是一个对象。这表示你希望包含在元素中的特性。第三个参数是数组或字符串。如果是一个字符串，表示将包含在标签内的文本；但如果是一个数组，则通常表示子 VNode。每个 VNode 都有一个拥有相同参数的 createElement。在此例中，将仅使用字符串。

代码清单 9.10　添加 render 函数：chapter-09/render-js.html

注意全局组件名
为 my-comp

与 createElement 参数配
对完成的 render 函数

```
Vue.component('my-comp',{
  render(createElement) {
    return createElement('h'+this.header,
    {'class':'text-center',
      on: {
        click(e){
          alert('Clicked');
        }
      }
    },
    this.welcome + this.$slots.default[0].text )
  },
  data() {
      return {
      welcome: 'Hello World '
  }
},
  props: ['header']
});
new Vue({el: '#app'})
</script>
</body>
</html>
```

返回 createElement
参数

特性对象中包含 class
和 click 事件定义

注意 header 元素内
将要显示的文本

必须添加 Vue.js
根实例

　　在 Vue.component 中添加 render(createElement) 函数。在该函数内部，返回 createElement，如代码清单 9.10 所示。我们希望第一个参数是 header 属性。需要使用传入的值作为 header 属性的值。在本例中我们传入 1，因为需要创建一个<h1>标签。我们将字母 h 与属性 this.header 拼接起来。

　　下一个参数是特性对象。因为我们正在使用 Bootstrap，所以希望使用 text-center 类来对齐屏幕中间的文本。为此，创建一个对象，并使第一个属性为 class，值为 text-center。在 JavaScript 中，class 是已被定义的关键字，因此必须使用引号。下一个属性是事件。使用 render 函数时，事件处理对应的关键字为 on。在此例中，使用单击事件并弹出一个显示 Clicked 的警告框。

　　最后一个参数是数组或字符串。这将定义我们在 header 标签中看到的内容。为了看起来更有趣，将 data 函数中定义的欢迎消息和组件括号内的文本 Erik 拼合在一起。可以通过 this.$slots.default[0].text 获得文本。这样就能以插槽中默认文本的方式直接获取到括号中的文本。现在可以将它们与欢迎消息拼合在一起。将代码复制到 render-basic.html 中。现在基本就绪了。

加载 render-basic.html 文件，看一下效果。页面应展示 Hello World Erik 消息。将
header 属性的值改一下。你会看到值越大，字越小。单击消息，你应该会看到如图 9.6
所示的效果。

图 9.6　单击消息会弹出 render 函数生成的警告框

9.3.2　JSX 示例

使用 JSX，可以创建类似于模板的 HTML，并且仍然具有 JavaScript 的全部功能。
为此，使用 Vue-CLI 创建一个应用程序。我们的目标是使用 JSX 重构上一个示例。此
例应接收一个类属性，并在单击消息时显示警告框。

在开始之前，请确保已安装 Vue-CLI，安装说明在附录 A 中。打开终端窗口并创
建一个名为 jsx-example 的应用程序，参见代码清单 9.11。你会被询问一些问题，对于
大部分问题输入 no 即可。

代码清单 9.11　用终端命令创建一个 JSX 项目

```
$ vue init webpack jsx-example

? Project name jsx-example
? Project description A Vue.js project
? Author Erik Hanchett <erikhanchettblog@gmail.com>
? Vue build standalone
? Install vue-router? No
? Use ESLint to lint your code? No
? Setup unit tests No
? Setup e2e tests with Nightwatch? No

  vue-cli · Generated "jsx-example".

  To get started:

    cd jsx-example
    npm install
```

接下来，切换到 jsx-example 目录并运行 npm install 命令。这将安装所有依赖

库。现在需要为 JSX 安装 Babel 插件。如果在安装插件时出现问题，请访问 https://github.com/vuejs/babel-plugin-transform-vue-jsx 上的官方 GitHub 页面。下面即将介绍的示例仅涉及 JSX 的基础知识。强烈建议阅读 GitHub 网站上有关所有可用功能的官方文档。运行 npm install 命令以安装所有推荐的库，如代码清单 9.12 所示。

代码清单 9.12　用终端命令安装插件

```
$ npm install\
  babel-plugin-syntax-jsx\
  babel-plugin-transform-vue-jsx\
  babel-helper-vue-jsx-merge-props\
  babel-preset-env\
  --save-dev
```

安装完插件后，需要更新.babelrc 文件。在根目录下，你会看到很多预设和插件配置。在预设列表中添加 env，再在插件列表中添加 transform-vue-jsx，如下面的代码清单 9.13 所示。

代码清单 9.13　更新.babelrc 文件：chapter-09/jsx-example/.babelrc

```
{
  "presets": [
    ["env", {
     "modules": false
    }],
    "stage-2",
    "env"              ←———— 在预设列表中添加 env
  ],
  "plugins": ["transform-runtime", "transform-vue-jsx"],←— 在插件列表中添加
  "env": {                                                  transform-vue-jsx
    "test": {
      "presets": ["env", "stage-2"] }
  }
}
```

设置好 JSX 后，就可以开始编码了。一般情况下，Vue-CLI 会创建 HelloWorld.vue 文件。我们可以从这个文件开始，但需要进行一些修改。进入 src/App.vue 文件并更新模板。删除 img 节点并添加带有两个属性的 HelloWorld 组件。第一个属性是 header，它将确定<header>标签的级别。第二个属性是 name。在代码清单 9.10 中，使用 slot 内容而不是具名属性传值。在下面的代码清单 9.14 中，我们将稍作修改，将 name 作为属性传递。结果应该是一样的。更新 src/App.vue 文件，使其与上述内容匹配。

代码清单 9.14   更新 App.vue：chapter-09/jsx-example/src/App.vue

```
<template>
  <div id="app">
    <HelloWorld header="1" name="Erik"></HelloWorld>
  </div>
</template>

<script>
import HelloWorld from './components/HelloWorld'      ◄── HelloWorld 组件包含 name
                                                          和 header 两个属性
export default {
  name: 'app',
  components: {
    HelloWorld
  }
}
</script>

<style>
</style>
```

因为要使用 Bootstrap，所以需要在这里引入它。在根目录里找到 index.html 文件。如下面的代码清单 9.15 所示，加入 Bootstrap 的 CDN 地址。

代码清单 9.15   更新 index.html 文件：chapter-09/jsx-example/index.html

```
<!DOCTYPE html>
<html>
  <head>
    <meta charset="utf-8">
    <meta name="viewport" content="width=device-width,initial-scale=1.0">
    <title>jsx-example</title>
    <link rel="stylesheet"
href="https://maxcdn.bootstrapcdn.com/bootstrap/3.3.7/css/bootstrap
➡.min.css">                              ◄── 加入 Bootstrap
  </head>                                     的 CDN 地址
  <body>
    <div id="app"></div>
  </body>
</html>
```

打开 src/components/HelloWorld.vue 文件。删除顶部模板——因为将使用 JSX，已不再需要它。在 export default 内先设置数据对象。数据对象将返回欢迎消息。msg 属性将构造 HTML 的<header>标签，通过 ES6 语法，拼接出我们想要在屏幕上显示的消息。

再添加一个 methods 对象，其中包含 pressed 函数，它可以触发一个显示 Clicked

的警告框。最后，在底部添加 props 数组，用于存放 header 和 name。

　　JSX 的 render 函数类似于在第一个例子中使用的 render 函数。按照惯例，我们使用字母 h 而不是使用 createElement。然后返回需要的 JSX。

　　如代码清单 9.16 所示，render 函数返回多个标签。第一个是包裹所有 JSX 的<div>标签。然后编写一个 class 属性为 text-center 的<div>。之后添加一个 on-click 事件处理程序，将它指定给 this.pressed。在普通的 Vue.js 中，使用 Mustache 语法(双括号)进行文本插值，完成数据绑定。在 JSX 中，我们只使用一个大括号。

　　最后添加的是名为 domPropsInnerHTML 的特殊属性，这是 babel-plugin-transform-vue 插件添加的一个特殊选项。如果你熟悉 React，就会发现它与 dangerouslySetInnerHTML 选项类似。它需要获取 this.msg 的值并编译为 HTML。请注意，将输入值转换为 HTML 可能会导致跨站脚本攻击，因此每当使用 domPropsInnerHTML 时都要小心。如果尚未将文本保存在项目中，请复制代码清单 9.16 中的代码。

代码清单 9.16　更新 HelloWorld.vue：chapter-09/jsx-example/HelloWorld.vue

```
<script>
export default {
  name: 'HelloWorld',          ← JSX render 函数
  render(h) {
    return (                   ← 包裹 JSX 的 <div>标签
      <div>
        <div class="text-center"     ← 带有 class 属性的<div>标签
        on-click={this.pressed}
        domPropsInnerHTML={this.msg}></div>   ← 生成警告框的 on-click 事件处理程序
      </div>                         ← 添加 this.msg 的值到 domPropsInnerHTML
    )
  },
  data () {
    return {
      welcome: 'Hello World ',
      msg: `<h${this.header}>Hello World ${this.name}   ← 将 Hello World 和 name 值拼接而成的信息
        </h${this.header}>`,
    }
  },
  methods: {
    pressed() {              ← 触发警告框的方法
      alert('Clicked')
    }
  },
  props:['header', 'name']          ← header 和 name 属性
}
</script>
```

```
<style scoped>
</style>
```

保存文件并启动服务。在命令行上运行 npm run dev(或 npm run serve，但要求使用的是 VUE-CLI 3.0)，浏览 http://local-host:8080，应该会显示 Hello World Erik。尝试更改传递给 App.vue 的 HelloWorld 组件的几个值。通过更改标题，可以更改显示的 <header>标签的级别。

9.4 练习题

运用本章介绍的知识回答下面的问题：
什么是 Mixin？什么时候适合使用它？
请参阅附录 B 中的解决方案。

9.5 本章小结

- 使用 Mixin 可以在多个组件之间共享代码片段。
- 使用自定义指令可以改变单个元素的行为。
- 使用修饰符、数值和参数可以将信息传递给自定义指令，在页面上创建动态元素。
- render 函数能为 HTML 提供 JavaScript 的全部功能。
- 可以在 Vue.js 应用程序中使用 JSX，作为 render 函数的替代方案，并且仍然能让你在 HTML 中使用 JavaScript 的全部功能。

第 III 部分

数据建模、API 调用和测试

随着 Vue.js 应用程序变得越来越大、越来越复杂，需要考虑一种更有效的方法来存储数据。幸运的是，Vuex 提供了一个很好的解决方案，让这个过程变得很简单。我们将在第 10 章中详细介绍这一内容。

在第 11 章中，我们将承接第 10 章的内容，介绍如何与服务器通信，以及如何与后端系统进行通信并处理数据。然后，将学习服务器端渲染(Server-Side Render，SSR)，这是一种可以提高应用程序加载速度的新技术。

在第 12 章中，我们将学习如何测试。作为专业的 Web 开发人员，你需要知道如何测试应用程序。测试有助于清除 bug，应用程序将变得更加稳定。我们还将了解开发操作(Development Operations)，也称为 DevOps。在部署应用程序并确保一切正常运行后，我们会了解 DevOps 如何对我们的开发生命周期有所帮助。

第 *10* 章

Vuex

本章涵盖:

- 了解状态
- 使用 getter
- 实现 mutation 操作
- 添加 action
- 使用 Vuex 助手
- 学习项目设置和模块

在第 9 章中,我们讨论了扩展 Vue.js 的方法:在不重复代码的情况下重用其功能的一部分。在本章中,我们将了解如何在应用程序中存储数据,以及如何在组件之间共享这些数据。在应用程序中共享数据的一种盛行方法是使用名为 Vuex 的库。Vuex 是一个状态管理库,它帮助我们创建可以与应用程序中的所有组件共享的集中存储。

我们先来看看何时应该使用 Vuex,何时不应该使用。有些应用程序相比其他应用程序从 Vuex 中受益更多。接下来,我们将研究状态以及如何集中管理它们。之后我们将探索 getter、mutation 和 action。这三种方法都允许我们跟踪状态在应用程序中的变化。然后我们将研究 Vuex 助手,它们能帮助我们消除部分模板代码。最后,我们将探讨在大型应用程序中使用哪种目录结构来充分利用 Vuex。

10.1　Vuex 的优势

Vuex 状态管理库可以管理状态。它将状态存储在一个中心位置，这使得任何组件都很容易与之交互。状态是支持应用程序的信息或数据。这很重要，因为需要以一种可靠且可理解的方式来访问这些信息。

如果你使用过其他单页面框架，比如 React，那么可能已经熟悉其中几个概念。React 使用类似的状态管理系统 Redux。Redux 和 Vuex 的灵感都来自一个名为 Flux 的状态管理系统。Flux 是 Facebook 为帮助构建客户端 Web 应用程序而创建的架构。它提供了从操作到分派器，再到存储，最后到视图的单向数据流。此种数据流有助于将状态与应用程序的其他部分分离，并促进同步更新。你可以从 https://facebook.github.io/flux/docs/overview.html 的官方文档中了解更多关于 Flux 的信息。

Vuex 通过这些原则以一种可预测的同步方式更改状态。开发人员不必担心同步或异步函数以不确定的方式改变状态。假设我们在后端与一个 API 交互，该 API 向应用程序提供 JSON 数据。但与此同时，第三方库正在改变这一数据。我们不希望出现第三方库以不确定的方式更改数据的情况。Vuex 通过强制所有数据修改同步来帮助我们避免这种情况发生。

你可能想知道为什么需要 Vuex。Vue.js 为我们提供了向组件传递信息的方法。正如你在前面学到的，我们可以使用 props 和自定义事件传递数据。你甚至可以设计事件总线来传递信息并方便跨组件通信，如图 10.1 所示。

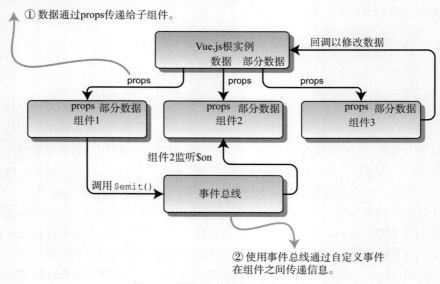

图 10.1　使用 props 和事件总线的示例

这对于只有少量组件的小型应用程序非常有效。在这种情况下，我们必须只向少数组件传递信息。如果我们的应用程序更大/更复杂/层次更多，会怎样呢？可以想象一下，在一个较大的应用程序中，要维护所有回调、传递的属性和事件总线是很困难的。

这正是 Vuex 的用武之地。它引入了一种更有条理的方式来跟踪集中存储中的状态变化。让我们想象一个场景，你可能会考虑用 Vuex。在这个场景中，我们创建一个博客，在这个博客中我们有几个组件，如图 10.2 所示，修改个人信息组件嵌套在管理组件下。修改个人信息组件需要访问用户信息，以便能够对此模块进行更新。使用 Vuex 集中存储时，我们可以访问存储，修改信息，并直接从修改个人信息组件提交它们。这相比通过 props 从 Vue.js 根实例传值到管理组件，最后再到修改个人信息组件的方式有很大改进。想要在多个地方维护信息是比较困难的。

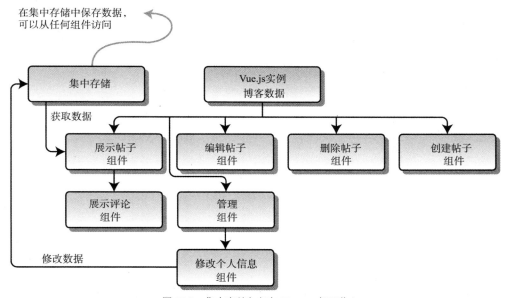

图 10.2　集中存储如何与 Vuex 一起工作

综上所述，使用 Vuex 需要些成本：添加 Vuex 会给应用程序增加复杂度和库引用。如果应用程序只有很少的组件，那么可能不需要使用 Vuex。Vuex 在状态管理复杂的大型应用程序中非常流行。

10.2　Vuex 状态与 mutation

Vuex 使用一个单例存放整个应用程序的状态，有时我们称之为"单一的事实来源"。顾名思义，所有数据都存储在一个地方，不会在应用程序的其他地方存储。

提示	值得一提的是，即使我们使用 Vuex，也不需要将所有状态都放在 Vuex 中。各个组件仍然可以保留自己的局部状态。在某些情况下，这可能更适合。例如，在你的组件中，可能有一个仅在该组件中使用的局部变量。这个变量的作用域应该仅限于该组件内。

让我们创建一个使用 Vuex 状态的简单示例。对于该例，我们将使用单个文件。稍后，你将看到如何将 Vuex 添加到 Vue-CLI 应用程序中。打开文本编辑器并创建一个名为 vuex-state.html 的文件。在这个文件中，我们将显示存储到集中存储中的消息并展示一个计数器。完成之后页面效果应该如图 10.3 所示。

我们首先添加一个<script>标签，引入 Vue 和 Vuex 的 CDN 链接。接下来，将添加 HTML。对于 HTML，我们将使用<h1>、<h2>、<h3>和一个<button>标签。<h1>标签将显示标题，内容是 Vue.js 中定义的一个局部变量。welcome 和 counter 是计算属性，通过从 Vuex 存储中取出值计算生成。button 元素将触发一个名为 increment 的 action。在 vuex-state.html 文件的顶部添加代码，参见代码清单 10.1。

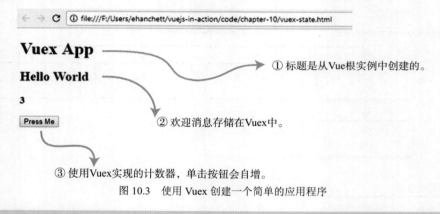

图 10.3   使用 Vuex 创建一个简单的应用程序

代码清单 10.1   在 Vuex 应用程序中添加 HTML：chapter-10/vuex-html.html

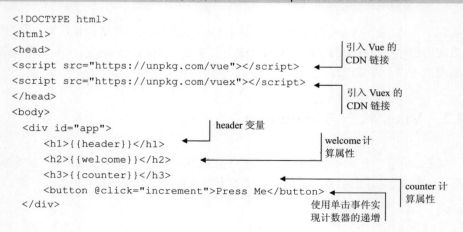

现在 HTML 已经就绪，让我们从添加 Vuex 存储开始。在本例中，Vuex 存储将保存所有的数据，包括 msg 和 count 属性。

为了更新状态，我们将使用 mutation。你可以将 mutation 看作其他编程语言中的 setter。setter 写入值，mutation 更新应用程序的状态。在 Vuex 中，mutation 必须是同步的。在本例中，计数器将仅在按钮被单击时触发，因此不必担心异步代码(稍后我们将研究 action，它在进行异步处理时有助于解决相关问题)。

在 mutation 对象中，将添加一个 increment 函数用于递增状态。将以下代码清单 10.2 中的代码添加到 vuex-state.html 文件的底部。

代码清单 10.2　添加 Vuex 状态和 mutation：chapter-10/vuex-state-mut.html

```
<script>
  const store = new Vuex.Store({
    state: {                          ← Vuex.Store 持
      msg: 'Hello World',                有状态信息
      count: 0
    },
    mutations: {                      ← 递增状态
      increment(state) {                 的 mutation
        state.count++;
      }
    }
});
```

HTML 和 Vuex 存储已经就绪，现在可以添加逻辑，把所有都串联起来。我们想要确保我们的模板显示来自 Vuex 状态的 msg 和 counter，并且我们可以更新这个计数器。

创建一个带有新的 data 函数的 Vue.js 实例，这将返回显示 Vuex App 的局部 header 属性。稍后，我们将添加两个计算属性：welcome 和 counter。welcome 计算属性将返回 store.state.msg。counter 计算属性将返回 store.state.count。

最后，需要创建一个名为 increment 的函数。要更新存储并访问我们在 Vuex 中设置的 mutation，不能直接调用 mutation，必须使用一个名为 commit 的特殊函数。这将告诉 Vuex 更新存储并提交更改。store.commit('increment')执行了向我们创建的 mutation 进行提交的操作。在基于代码清单 10.2 创建的 vuex-state.html 文件中，添加代码清单 10.3 中的代码。

代码清单 10.3　添加 Vue.js 实例：chapter-10/vuex-instance.html

```
new Vue({
  el: '#app',
  data() {
```

```
    return {
      header: 'Vuex App'        ◄─────── header 属性的
    }                                    消息
  },
  computed: {
    welcome() {                        ◄── 返回 msg 状态的
      return store.state.msg   ◄────────   计算属性
    },
    counter() {                        ◄── 返回 counter 状态
      return store.state.count;  ◄──────   的计算属性
    }
  },
  methods: {
    increment() {                      ◄── increment 函数触发 Vuex
      store.commit('increment')  ◄──────   的 increment mutation
    }
  }
});
</script>
</body>
</html>
```

现在我们有了一个功能完整的应用程序，它使用了 Vuex！单击按钮几次，你应该会看到每次单击按钮后计数器都会递增 1。

下面继续迭代这个应用程序，使得单击每个按钮都会将计数器加 10。如果仔细观察 mutation 函数 increment，就会发现它只有一个参数 state。但是我们可以向它传递另一个参数 payload。这个 payload 可以通过我们在 Vue.js 根实例中创建的 increment 方法来发送。

将 vuex-state.html 的内容复制到一个名为 vuex-state-pass.html 的新文件中。这个文件将承接新的应用程序，它将展现如何在 payload 中传值。

如代码清单 10.4 所示，我们只需要更新 mutation 对象和 increment 函数。在 increment mutation 中添加另一个名为 payload 的参数。payload 将被添加到 state.count 中。在 increment 函数中，将 10 作为另一个参数添加到 store.commit 中。更新 vuex-state.html。

代码清单 10.4   向 mutation 传递 payload：chapter-10/vuex-state-pass-1.html

```
...
mutations: {
  increment(state,payload) {    ◄──── increment mutation 接收
    state.count += payload;             payload 并与 count 相加
  }
}
...
methods: {
```

```
increment() {
  store.commit('increment', 10)          increment 函数向
}                                         mutation 传入 10
...
```

　　保存 vuex-state-pass.html 文件并重新加载浏览器。单击按钮后，计数器现在应该增加 10 而不是 1。如果加载不正确，请检查 Web 浏览器的控制台。确保没有任何拼写错误。

10.3　getter 和 action

　　在前面的示例中，我们直接通过计算属性访问存储。如果我们有多个组件需要访问这些计算属性，该怎么办呢？如果我们希望总是以全大写形式显示欢迎消息，该怎么办？这就是 getter 可以提供帮助的地方。

　　在 Vuex 内部，有一种称为 getter 的东西。使用 getter，所有组件都可以相同的方式访问状态。让我们继续 10.2 节中的示例。我们将用 getter 更新它，而不是在计算属性中直接访问状态。此外，我们希望 msg 的 getter 将消息转换为大写字母形式。

　　把上一个例子的 vuex-state-pass.html 文件内容复制到 vuex-state-getter-action.html。为了简单起见，我们将保留原有的 HTML 代码。全部完成后，效果应该如图 10.4 所示。

图 10.4　Hello World 应用程序使用 setter 和 action

　　可以看到，Hello World 消息现在是大写形式。单击 Press Me 按钮会使计数器增加，就像在上一个示例中所做的那样。

　　在新建的 vuex-state-getter-action.html 文件内，在<script>标签下方查找 Vuex.Store。在 mutation 对象的下面添加一个名为 getters 的新对象。在 getters 中，我们将创建 msg 和 count，如代码清单 10.5 所示。msg 和 count 都接收参数 state。

　　在 msg getter 中，我们返回 state.msg.toUppercase()。这将确保无论何时使用 msg getter，它都将返回所有大写的文本。对于 count getter，它将返回 state.count。在 vuex-state-getter-action.html 文件中，在 mutations 对象的下方添加新的 getters 对象。

代码清单 10.5　添加新的 getters 对象：chapter-10/vuex-state-getter-action1.html

```
...
mutations: {
  increment(state,payload) {
      state.count += payload;
  }
},
getters: {                              新的 getters 对象为 Vuex
  msg(state) {                          定义了 getter
    return state.msg.toUpperCase();      msg getter 返回全大
  },                                     写的 msg 文本
  count(state) {
    return state.count;                 count getter
  }
},
...
```

　　action 是 Vuex 的另一个组成部分。正如之前提到的，mutation 是同步的。但如果需要的是异步操作呢？如何确保异步代码仍然能存取状态？这正是 Vuex action 的用武之地。

　　在我们的示例中，假设我们正在访问服务器并等待响应。这是异步操作的一个例子。遗憾的是，mutation 是同步的，所以我们不能用它。相反，我们将使用 Vuex action 添加异步操作。

　　在本例中，我们将使用 setTimeout 制作一个延迟。打开 vuex-state-get-action.html 文件，并在刚创建的 getters 对象之后添加一个名为 actions 的新对象。在这个对象内部，我们写一个 increment action，它可以接收 context 和 payload 参数。我们将使用 context 的 commit 函数来执行更改。我们将 context.commit 放在 setTimeout 中。这样我们就可以模拟来自服务器的延迟。我们还可以将 payload 传递给 context.commit。这将传递给 mutation 进行处理。根据以下代码清单 10.6 更新代码。

代码清单 10.6　添加 action：chapter-10/vuex-state-getter-action2.html

```
...
},                                      actions 对象用于异
actions: {                              步和同步操作           increment 函数接收
  increment(context, payload) {                               context 和 payload 参数
    setTimeout(function(){
      context.commit('increment', payload);       此处触发 increment mutation
    },2000);                                      并通过 payload 传递参数
  }
}
...
```

更新 Vuex.Store 之后，可以把注意力转移到 Vue.js 根实例。我们通过计算属性访问存储的 getters，而不是直接访问存储。另外，还需要调整 increment 函数。使用 store.dispatch('increment', 10)来执行我们创建的新的 Vuex action。

dispatch 的第一个参数始终是 action 的名称，第二个参数始终是传递到 action 中的 payload。

提示　payload 可以是一个简单的变量，甚至是一个对象。

使用代码清单 10.7 中新的 Vue.js 实例，更新 vuex-state-getter-action.html。

代码清单 10.7　更新 Vue.js 实例：chapter-10/vuex-state-getter-action3.html

```
...
new Vue({
    el: '#app',
    data() {
      return {
        header: 'Vuex App'
      }
    },
    computed: {
      welcome() {                        // 计算属性 welcome
        return store.getters.msg;        //   返回 getters 的 msg
      },
      counter() {                        // 计算属性 counter 返
        return store.getters.count;      //   回 getters 的 count
      }
    },
    methods: {
      increment() {                            // 派发 increment action
        store.dispatch('increment', 10);
      }
    }
});
...
```

载入应用程序代码并单击按钮多次。你会注意到计数器在每次单击按钮之后都会以 10 自增。

10.4　在宠物商店应用程序的 Vue-CLI 脚手架中加入 Vuex

回到我们一直在写的宠物商店应用程序。请回忆我们上次写的部分，我们添加了漂亮的动画和转场。现在我们已经学习了 Vuex 的基础知识，让我们将它们融合在一起。

让我们将商品数据移动到存储中。请回忆上一章的内容，在宠物商店应用程序中，我们在创建的 Main 组件的 created 钩子中初始化存储。现在我们改为在 create 钩子中执行一个新的 action，该 action 将初始化 Vuex 中的存储。我们还将添加一个新的计算属性 products，该属性使用将要设置的 Vuex getter 检索商品。当所有操作完成后，页面的内容外观和交互行为应与之前相同，如图 10.5 所示。

① 之前的宠物商店应用程序。

② Vue CLI默认使用端口8080，可以在config/index.js中修改。

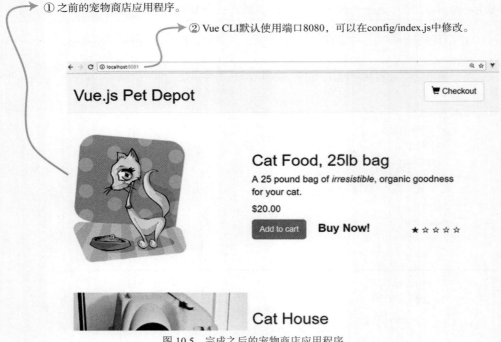

图 10.5　完成之后的宠物商店应用程序

使用 Vue-CLI 安装 Vuex

开始之前先安装 Vuex！安装过程简单而直接。如果你还没有获取在第 8 章中完成的宠物商店应用程序的最新版本，可以选择从 GitHub 下载本章的完整代码，网址是 https://github.com/ErikCH/VuejsInActionCode。

打开终端窗口并将当前操作目录更改为宠物商店应用程序的根目录。在提示符下运行以下命令来安装 Vuex 的最新版本，并保存到宠物商店应用程序的 package.json 文件中：

```
$ npm install vuex
```

接下来，需要将存储添加到 src 文件夹的 main.js 文件中。我们还没有重新创建存储，但总之先让我们导入它。按照惯例，存储通常位于 src/store/store.js 文件中。放在什么地方取决于你自己，不同的开发人员有不同的习惯。目前这个结构对于我们来说没问题。在后续章节中，我们将讨论模块的文件夹结构。

在 Vue.js 根实例中，需要添加存储，如下面的代码清单 10.8 所示，将 store 添加到 router 的下方。顺便说一下，因为我们使用的是 ES6，所以可以使用 store，而不是 store: store。

代码清单 10.8　更新 main.js 文件：chapter-10/petstore/src/main.js

```
// The Vue build version to load with the import command
// (runtime-only or standalone) has been set in webpack.base.conf with an
  alias.
import Vue from 'vue'
import App from './App'
import router from './router'
require('./assets/app.css')
import { store } from './store/store';        ◀── 导入 store 到
                                                   main.js 文件中
Vue.config.productionTip = false

/* eslint-disable no-new */
new Vue({
  el: '#app',
  router,
  store,
  template: '<App/>',      ◀── 添加到 Vue.js
  components: { App }          实例中
})
```

现在我们已经将存储添加到根实例中，可以在应用程序中的任何地方访问它。在 src/store/store.js 中创建一个文件。这个文件将是我们的 Vuex 存储，并保存宠物商店应用程序中的商品信息。在文件的顶部，添加两个 import 语句，分别用于导入 Vue 和 Vuex。接下来，添加 Vue.use(Vuex)。一切就绪。

在 main.js 文件中，从./store/store 导入存储。需要在 store.js 中导出一个 store 对象，以便 main.js 可以导入。如代码清单 10.9 所示，我们导出了 Vuex.Store 的一个常量 store。

首先添加 state 和 mutations 对象。state 对象将持有一个名为 products 的空对象。我们很快就会用 initStore 方法装填它。我们的 mutation 将被称为 SET_STORE。该 mutation 将获取传入的商品数据并指派给 state.products。在新创建的 src/store/store.js 文件中，添加代码清单 10.9 中的代码。

代码清单 10.9　创建 main.js 文件：chapter-10/store-part1.html

```
import Vue from 'vue';
import Vuex from 'vuex';
                                      ◀── 在 Vue 中使用 Vuex
Vue.use(Vuex);
```

```
export const store = new Vuex.Store({      ◄───── 导出 Vuex.Store，稍后在
  state: {                                          main.js 文件中将会用到
    products: {}          ◄───── state 对象包
  },                              含商品数据
  mutations: {
    'SET_STORE'(state, products) {   ◄───── muatations 对象包含
      state.products = products;             存储的设置函数
    }
  },
...
```

需要将 action 和 getter 添加到存储中。getter 将返回 products。这个 action 有点复杂。我们要做的是把用 axios 读取 products.json 静态资源的代码移到 action 对象里。

之前提到过，mutation 是同步的，并且只有 Vuex 内部的 action 才能承接异步代码。为了解决这个问题，我们将把 axios 代码放在 Vuex 的 action 中。

在 store.js 文件中创建 action 对象并添加 initStore 方法。在这个 action 中，复制并粘贴在 components/Main.vue 文件中创建的生命周期钩子。有别于直接把 response.data.products 赋值给 products 对象，我们用 commit 函数来触发 mutation。我们把 response.data.products 通过 payload 传递给 SET_STORE。完成之后的代码应如代码清单 10.10 所示。

代码清单 10.10   添加 action 和 getter 到 store.js：chapter-10/store-part2.html

```
...                                    ◄───── 承载异步代码的
actions: {                                    actions 对象
  initStore: ({commit}) => {           ◄───── initStore action 提交
    axios.get('static/products.json')          mutation
    .then((response) =>{
      console.log(response.data.products);
      commit('SET_STORE', response.data.products )
    });
  }
},
getters: {                             ◄───── products 的 getters 方法
  products: state => state.products            返回存储的商品数据
}
});
```

任务已经快完成了，现在需要做的只剩下更新 Main.vue 文件，使其使用 Vuex 存储而不是局部的 products 对象。打开 src/components/Main.vue 文件并查找 data 函数。删除 products: {}这一行。我们现在将通过返回存储数据的计算属性来访问它。

在 Main.vue 中查找 methods 对象的位置，在 methods 对象的下方可以找到计算属性。其中应该能看到 cartItemCount 和 sortedProducts。添加一个新的名为 products 的

计算属性，并让它返回 products 对象的 getter。

　　请记住，因为我们已将存储添加到 main.js 文件中的 Vue.js 根实例，所以我们不必进行任何特殊导入。此外，使用 Vue-CLI 时，存储始终可以通过 this.$store 访问。确保加上美元符号，否则将收到报错。将 products 计算属性添加到 Main.vue 文件，参见代码清单 10.11。

代码清单 10.11　添加 products 计算属性：chapter-10/computed-petstore.html

```
computed: {
  products() {                                    ◀── Main.vue 文件中的
                                                      计算属性
    return this.$store.getters.products;   ◀── 在计算属性中返回
  },                                              products 对象的 getter
...
```

　　找到已创建的用于初始化 products 对象的钩子。删除 products 对象的内容，然后让它调用我们之前在 Vuex 存储中创建的 initStore action。正如之前的示例所做的那样，使用 dispatch 方法触发 action。更新 Main.vue 文件中创建的钩子，以便触发 Vuex initStore 操作，如下面的代码清单 10.12 所示。

代码清单 10.12　更新创建的钩子：chapter-10/created-petstore.html

```
...
},
created: function() {                       ◀── 使用 dispatch 方法
  this.$store.dispatch('initStore');            初始化 Vuex 存储
}
...
```

　　这样应该就可以了。在控制台中运行 npm run dev，你应该可以看到一个打开了宠物商店应用程序的网页。尝试将商品添加到购物车并验证所有交互。如果操作无效，请检查控制台中是否有报错信息。在 src/store/store.js 文件中，很容易意外地输入 Vuex.store 而不是 Vuex.Store。请注意不要出现类似的错误。

10.5　Vuex 助手

　　Vuex 为我们提供了一些辅助工具，可以在应用程序中添加 getter、setter、mutation 和 action 以减少繁杂的工作量。你可以在官方指南中找到所有 Vuex 助手的完整列表，网址为 https://vuex.vuejs.org/en/core-concepts.html。下面介绍这些助手的工作方式。

　　你应该了解的第一个助手是 mapGetters。这个助手用于将所有的 getter 添加到计算属性中，而不必逐个输入。要使用 mapGetters，首先需要将其导入组件中。让我们再看一下宠物商店应用程序，并添加 mapGetters 助手。

打开 src/components/Main.vue 文件并查找<script>标签。在该标签内，你应该看到
Header 组件的导入代码。在导入之后，添加来自 Vuex 的 mapGetters 助手，如代码清
单 10.13 所示。

代码清单 10.13   添加 mapGetters 助手：chapter-10/map-getter.html

```
...
...
<script>
import MyHeader from './Header.vue';
import {mapGetters} from 'vuex';        ◀──  从 Vuex 导入 mapGetters 助手
export default {
...
```

接下来，需要更新计算属性。查找之前添加的 products 计算属性。删除它并添加
一个新的 mapGetters 对象。

mapGetters 对象是唯一的，要正确添加它，需要使用 ES6 扩展运算符，它可以在
希望有零个或多个参数的地方扩展我们的表达式。可以从 http://mng.bz/b0J8 的 MDN
文档中找到有关 ES6 扩展语法的更多信息。

mapGetters 将确保所有的 getter 都会被添加，就像它们是计算属性一样。可以想
象，这种语法比为每个 getter 编写计算属性要简单得多，也更简洁。每个 getter 都列
在 mapGetters 中的一个数组中，将 mapGetters 添加到 Main.vue 文件中，参见代码清
单 10.14。

代码清单 10.14   添加 mapGetters 到计算属性中：chapter-10/map-getter2.html

```
...
},
computed: {
  ...mapGetters([        ◀──  mapGetters
                              助手数组
      'products'        ◀──  getter 列表
  ]),
  cartItemCount() {
...
```

如果运行 npm run dev，你将看到宠物商店应用程序能正常运行。在我们的应用程
序中使用 mapGetters 的效果并不明显，但随着数据的增长，会添加更多的 getter，这
样做会节省我们的时间。

你应该了解的其他三个助手是 mapState、mapMutations 和 mapActions。这三个助
手非常类似，目的都是减少需要编写的样板代码。

下面假设你的存储中有一些数据。在这种情况下，你不需要任何 getter，你将直
接从组件访问状态。在这种情况下，可以在计算属性中使用 mapState 助手，参见代码

清单 10.15。

```
import {mapState} from 'vuex'        ←──── 从 Vuex 中导入
...                                        mapState
computed: {
  ...mapState([                      ←──── 用扩展运算符定义
      'data1',                             mapState 和变量
      'data2',
      'data3'
  ])
}
...
```

与 mapState 和 mapGetters 一样，假设在组件中也有多个要访问的 mutation。可以使用 mapMutations 助手使其变得简单(如下面的代码清单 10.16 所示)。代码清单 10.16 中的 mut1 将 this.mut1()映射到 this.$store.commit('mut1')。

```
import {mapMutations} from 'vuex'    ←──── 从 Vuex 中导入
...                                        mapMutations
methods: {
  ...mapMutations([                  ←──── mapMutations 助手
      'mut1',                              添加这些方法
      'mut2',
      'mut3'
  ])
}
...
```

最后，我们研究一下 mapActions 助手。这个助手将 action 映射到应用程序，因此不必创建每个方法并派发每个 action。使用相同的示例，假设也有一些异步操作。我们不能使用 mutation，所以必须使用 action。我们在 Vuex 中创建了这些操作，现在需要在组件方法对象中访问它们。将 mapActions 添加到 methods 中可解决这个问题。act1 将 this.act1()映射到 this.$store .dispatch('act1')，如代码清单 10.17 所示。

```
import {mapActions} from 'vuex'      ←──── 从 Vuex 中导入
...                                        mapActions
methods: {
  ...mapActions([                    ←──── mapActions 助手生成
      'act1',                              act1、act2 和 act3 方法
      'act2',
```

```
        'act3'
    ])
}
...
```

随着应用程序的增长，这些助手都将派上用场，它将减少你需要编写的代码。请记住，你需要在存储中规划名称，因为当使用这些助手时，它们将映射到组件中的名称。

10.6   Vuex 模块速览

在本章的前面部分，我们为宠物商店应用程序在 src/store 目录中创建了 store.js 文件。这适用于相对较小的应用程序。但是，如果我们的应用程序更大，该怎么办？store.js 文件会很快变得臃肿，很难跟踪其中的所有内容。

Vuex 提供的解决方案就是模块。模块允许我们将宠物商店应用程序分成更小的部分。每个模块都有自己的 state、mutation、action 和 getter，你甚至可以在其中嵌套模块。

让我们用模块来重构宠物商店应用程序。首先，需要保留 store.js 文件，但需要在 store 文件夹中创建一个名为 modules 的新文件夹。在该文件夹中创建一个名为 products.js 的文件。目录结构应如图 10.6 所示。

在 products.js 文件中，需要创建四个对象：state、getter、actions 和 mutations。需要将 store.js 中的每个值复制并粘贴到 products.js 文件中，参见代码清单 10.18。

图 10.6   模块的目录结构

代码清单 10.18   添加 products 模块：chapter-10/products-mod.js

```
const state = {              保存所有 Vuex state
    products: {}
};

const getters = {                                保存所有 Vuex getter
```

```
      products: state => state.products
};

const actions = {                              ←  保存所有 Vuex action
    initStore: ({commit}) => {
      axios.get('static/products.json')
      .then((response) =>{
        console.log(response.data.products);
        commit('SET_STORE', response.data.products )
      });
    }

};

const mutations = {                            ←  保存所有 Vuex mutation
    'SET_STORE' (state, products) {
      state.products = products;
    }
};
```

将所有内容添加到 product.js 文件后，需要创建导出。这将允许把文件导入 store.js 文件。在文件的底部，添加 export default，参见代码清单 10.19。这是 ES6 的导出命令，允许你从其他文件导入它。

代码清单 10.19　添加导出：chapter-10/products-export.js

```
...
export default {                               ←  用 ES6 语法导出所有对象
    state,
    getters,
    actions,
    mutations,
}
```

需要更新一下 store.js 文件。在这个文件中，将添加一个新的 modules 对象，在这个对象中，我们可以列出添加的所有模块。确保将导入添加到我们创建的 modules/products 文件中。

在我们的例子中，只有一个模块，所以继续将它添加到 modules 对象中。确保删除 Vuex.Store 中的所有内容，使其与代码清单 10.20 匹配。

代码清单 10.20　新的 store.js 文件：chapter-10/store-update.js

```
import Vue from 'vue';
import Vuex from 'vuex';
import products from './modules/products';      ←  导入 products 模块

Vue.use(Vuex);
```

```
export const store = new Vuex.Store({
  modules: {                          ←────  modules 对象列出所有模块
    products
  }
});
```

只要把模块导入，我们的准备工作就完成了。刷新应用程序，应用程序的交互行
为应该跟之前一致。

> **Vuex 的名称空间**
>
> 在某些较大的应用程序中，将存储分解为模块可能会出现问题。随着程序的增长
> 和更多模块的添加，actions、getters、mutations 和 state 的名称可能会发生冲突。例如，
> 你可能会意外地在两个不同的文件中分别命名具有相同名称的 getter。因为 Vuex 中的
> 所有内容共享相同的全局名称空间，所以当发生这种情况时，你会在控制台中看到
> duplicate getter key 报错。
>
> 要解决此问题，可以使用名称空间。通过在 Vuex.store 文件的顶部设置 namespaced:
> true，可以分解每个名称空间的模块。要了解有关名称空间以及更多如何在文件中进
> 行设置的文档，请查看 https://vuex.vuejs.org/en/modules.html 上的 Vuex 官方文档。

10.7　练习题

运用本章介绍的知识回答下面的问题：
Vuex 与 Vue.js 应用程序的一般数据传递相比有哪些优点？
请参阅附录 B 中的解决方案。

10.8　本章小结

- 可以用集中状态管理的方法重新构建应用程序。
- 可以从应用程序的任何地方访问数据存储。
- 可以通过使用 Vuex 的 mutation 和 action 来解决应用程序数据不同步的问题。
- 可以使用 Vuex 助手来减少所需的样板代码。
- 在大型应用程序中，可以使用模块和名称空间来管理更多状态。

第 *11* 章

与服务器通信

本章涵盖:

- 使用 Nuxt.js 进行服务器端渲染
- 使用 axios 获取第三方数据
- 使用 VuexFire
- 添加身份验证

我们已经讨论了 Vuex 以及状态管理如何方便开发更大型的 Vue.js 应用程序。现在将介绍与服务器的通信。在本章中,我们将介绍服务器端渲染(Server-Side Rendering,SSR)及其如何用来帮助提高 Web 应用程序的响应能力。我们将使用 axios 从第三方 API 获取数据。然后介绍 VuexFire。VuexFire 是一个库,可以帮助我们与 Firebase 进行通信,Firebase 是一个有助于应用程序开发的后端服务。最后,介绍如何为 VuexFire 应用程序添加简单的身份验证。

在继续讲解之前,需要在本章开头说明一点,在 Vue.js 中有很多方法可以与服务器通信。可以使用 XMLHttpRequest 或各种 AJAX 库。过去,Vue 官方推荐使用 Vue 资源库作为官方 AJAX 库。Vue 的创建者 Evan You 于 2016 年年底从官方推荐中撤消该库。就 Vue 社区而言，可以使用任何你喜欢的库。

尽管如此，axios、Nuxt.js 和 VuexFire 这几个比较常用的库仍可以帮助我们以某种方式与服务器通信。然而，它们各不相同。Nuxt.js 是一个用于创建服务器渲染应用程序的强大框架，但 axios 只是一个前端 HTTP 客户端。VuexFire 帮助我们与 Firebase 进行通信。它们都采用不同的沟通方式。

本章旨在介绍所有这三个库和框架的实践知识。对于每一个框架我们都有示例，但不会介绍太深入。每个主题都值得用一整章来描述——而 Nuxt.js 值得单独写一本书。尽管如此，本章仍是这些主题的很好的入门资源，之后将附上每个主题的相关链接，以便你可以深入了解。

11.1　服务器端渲染

Vue.js 是一个使用客户端渲染的单页面应用程序框架。应用程序的逻辑和路由是用 JavaScript 编写的。当浏览器连接到服务器时，JavaScript 代码会被下载。然后，浏览器负责渲染 JavaScript 并执行 Vue.js 应用程序。对于大型应用程序，下载和渲染应用程序的时间可能很长。从图 11.1 可以看出运行机制。

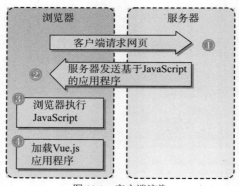

图 11.1　客户端渲染

使用 Vue.js 的服务器端渲染(Server-Side Rendering，SSR)则不太一样。在这种情况下，Vue.js 会联络服务器，然后服务器把 HTML 发送给客户端，因此浏览器可以立即显示页面。用户能感知到页面加载速度的提升。然后服务器发送 JavaScript，浏览器在后台加载。值得一提的是，即使用户看到了网页，在 Vue 执行完之前，用户也可能无法与页面交互(见图 11.2)。

通常，SSR 对用户来说体验更好，因为初始加载很快。大多数用户没有耐心等待 Web 应用程序慢慢加载。

SSR 在搜索引擎优化(Search Engine Optimization，SEO)方面也具有独特的优势。虽然我们对谷歌和其他搜索引擎在确定搜索引擎排名时使用的具体算法知之甚少，但大家担心搜索引擎爬虫在爬取客户端渲染页面时会出现问题。这可能导致搜索结果排名问题。SSR 有助于防止这些问题。

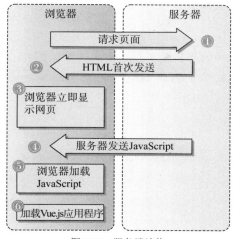

图 11.2　服务端渲染

Vue.js 本身没有附带 SSR，但是有很好的库可以很容易地将 SSR 添加到我们的 Web 应用程序中。最受欢迎的两个库是 vue-server-renderer 和 Nuxt.js。可以从 https://ssr.vuejs.org/的官方 SSR 指南中找到有关 SSR 的更多信息。现在我们先看看如何使用 Nuxt.js 创建 SSR 应用程序。

11.2　Nuxt.js 简介

Nuxt.js 是一个基于 Vue 生态系统构建的上层框架，有助于创建 SSR 应用程序，而不必担心如何交付上线一个完整的服务端渲染应用程序。

Nuxt.js 专注于 UI 渲染，并且大部分客户端/服务器层都被抽象掉了。它可以作为独立项目或基于 Node.js 的项目的补充。此外，它还有一个内置的静态生成器，可用于创建 Vue.js 网站。

使用 Nuxt.js 创建项目时，项目将包含 Vue 2、Vue 路由、Vuex、vue-server-renderer 和 vue-meta。在幕后，它使用 Webpack 帮助将所有东西放在一起。它是一个一体化的包，用于启动和运行。

资料　可以将 Nuxt.js 应用程序与已有的 Node.js 项目一起使用，但这个例子不是这样。如果想了解有关在现有 Node.js 项目上创建 Nuxt.js 应用程序的更多信息，请查看 https://nuxtjs.org/guide/installation 上的官方文档。

Nuxt.js 提供了一个初始模板来帮助我们开始使用。此初始模板可以从官方 GitHub

存储库 http://mng.bz/w0YV 下载。还可以使用 Vue-CLI 的初始模板创建项目(如果尚未安装 Vue-CLI，请参阅附录 A 以了解安装说明)。

如果使用的是 Nuxt.js，则需要 Node.js。Nuxt.js 需要版本 8 或更高版本才能工作。否则，当尝试启动项目时，将收到异步报错。

资料　本章中的项目采用的是 Nuxt.js 1.0。但在撰写本书时，Nuxt.js 2.0 正处于开发和测试阶段。如果遇到任何问题，请通过 https://github.com/ErikCH/VuejsInActionCode 检查本书的官方 GitHub 仓库。

我们将使用 Vue-CLI 创建项目。在命令提示符处，运行以下命令：

```
$ vue init nuxt-community/starter-template <project-name>
```

这会使用初始模板创建一个新的 Nuxt.js 项目。接着需要进入项目目录并用命令行安装相关依赖：

```
$ cd <project-name>
$ npm install
```

通过 npm run dev 启动项目：

```
$ npm run dev
```

这会在 localhost 3000 端口启动一个新的项目。如果打开 Web 浏览器，就会看到欢迎页面(见图 11.3)。如果欢迎页面没有正确显示，再次检查并确认已运行过 npm install 命令。

Nuxt.js服务器在
端口3000上运行

图 11.3　Nuxt.js 初始模板页

下面介绍如何在真实的应用程序中使用 Nuxt.js。

11.2.1　创建一个音乐搜索应用程序

使用服务器端渲染的应用程序可以功能丰富且强大。让我们来看看 Nuxt.js 可以为我们做些什么。假设你需要创建一个与 iTunes API 交互的应用程序。iTunes API 列出了数以百万的艺术家和专辑。我们现在要搜索任何一位艺术家并显示他的专辑。

注意　可以从 http://mng.bz/rm99 的官方文档中找到有关 iTunes API 的更多信息。

在构建应用程序时，我们将使用两条不同的路线。第一条路线将显示用于搜索 iTunes API 的输入框。页面如图 11.4 所示。

图 11.4　使用 iTunes API 的搜索页

另一条路线将显示艺术家的专辑信息。

信息　为了让界面看起来更好，我们将使用一个名为 Vuetify 的物料组件框架。我们稍后会详细讨论。

为了使事情变得更有趣，使用一个参数将搜索路径中的信息传递到结果路径中。在搜索框中输入艺术家的姓名(Taylor Swift)后，将显示搜索结果页面(见图 11.5)。你可以在页面顶部的 URL 框中看到 "Taylor%20Swift"。

图 11.5　搜索结果页面

搜索页面将显示与艺术家相关的所有专辑。结果列表将显示专辑名称、艺术家姓名和封面，并且每个卡片将链接到 iTunes 艺术家页面。在这个例子中，我们看一下中间件，它允许我们在渲染页面之前执行一段代码。在这段代码中，我们会看到如何使用 axios 库与 iTunes API 进行通信。我们将再次使用 Vuex 来串联所有内容。

11.2.2　创建项目并安装依赖库

让我们开始使用 Vue-CLI 初始模板创建音乐搜索应用程序。安装所有依赖库，在提示符处运行以下命令：

```
$ vue init nuxt-community/starter-template itunes-search
```

创建应用程序后，使用 npm install 命令安装 Vuetify 和 axios 的 npm 库。此外，Vuetify 需要 stylus 库和 stylus-loader，这样可以设置 Vuetify 使用的 stylus CSS。

注意　Vuetify 是 Vue.js 2.0 的物料组件框架。它增加了许多易于使用且精致的组件。它与其他 UI 框架有相似之处，比如 Bootstrap。可以在官方网站 https://vuetifyjs.com 上找到有关 Vuetify 的更多信息。

运行以下命令，安装 Vuetify、axios、stylus 和 stylus-loader：

```
$ cd itunes-search
$ npm install
$ npm install vuetify
$ npm install axios
$ npm install stylus --save-dev
$ npm install stylus-loader --save-dev
```

这样就安装了我们所需的所有依赖库，但为了使这些依赖库正常工作，需要做进一步设置。在 vendor 文件中设置 axios 和 Vuetify，并在应用程序中注册 Vuetify，设置 Vuetify 插件，最后设置 CSS 和字体。

nuxt.config.js 文件用于配置 Nuxt.js 应用程序，所以请先找到/itunes-search 文件夹的根目录下的 nuxt.config.js 文件。找到以 extend(config, ctx)开头的部分。此部分用于在每次保存时自动在代码上运行 ESLint(ESLint 是一个插件化的语法工具，用于检查代码的样式和格式等)。可以编辑.eslintrc.js 文件并更改默认的检查项，但为了简单起见，将删除此段代码，关闭自动检查。接下来在 buid 下添加新的 vendor 选项。然后，需要将 axios 和 Vuetify 添加到 vendor 选项中，如代码清单 11.1 所示。

代码清单 11.1　从 nuxt.config.js 中移除 ESLint：chapter-11/itunes-search/nuxt.config.js

```
...
  build: {
    vendor: ['axios', 'vuetify']        ◄──── 在 vendor bundle 中添加 axios
  }                                             和 Vuetify 并且移除 linting
...
```

　　下面解释一下为什么要这样做。每次在 Nuxt.js 中导入模块时，代码都会被添加到 Webpack 创建的 page bundle 中。这是代码拆分(code splitting)的其中一部分。Webpack 将代码拆分为 bundle，然后可以按需加载或并行加载。当添加 vendor 选项时，它确保代码在 vendor bundle 文件中仅添加一次。否则，每个导入都会被添加到每个 page bundle 并增加项目的大小。记得将模块添加到 vendor 选项是一种很好的做法，这样它就不会在项目中重复出现(Nuxt.js 2.0 不再需要 vendor 选项，可以删除)。使用新的 vendor 选项更新 root/itunes-search 文件夹中的 package.json 文件。

　　虽然已将 axios 和 Vuetify 添加为 vendor，但还没有做完。Vuetify 需要更多配置。你需要在 nuxt.config.js 文件中添加 plugins 部分，并将插件添加到/plugins 文件夹中。

　　Nuxt.js 中的插件是一种向应用程序添加外部模块的方法，需要为它们再做一些配置。插件在 Vue.js 根实例被实例化之前运行。与添加 vendor 选项不同，相应的文件在/plugins 文件夹中运行。

　　Vuetify 的官方文档建议我们导入 Vuetify 并告诉 Vue 将其用作插件。将相应的代码添加到我们的插件文件中。在 plugins 文件夹中添加一个新文件，并命名为 vuetify.js。在文件里用 Vue 注册 Vuetify，如代码清单 11.2 所示。

　　代码清单 11.2　添加 Vuetify 插件：chapter-11/itunes-search/plugins/vuetify.js

```
import Vue from 'vue'
import Vuetify from 'vuetify'

Vue.use(Vuetify)          ◄────────────┐ 在 Vue 应用程序中
                                          添加 Vuetify
```

　　接下来，需要在 nuxt.config.js 中添加对插件文件的引用，参见代码清单 11.3。打开 app 文件夹的根目录下的 nuxt.config.js 文件并添加插件。

　　代码清单 11.3　添加对插件文件的引用：chapter-11/itunes-search/nuxt.config.js

```
...
plugins: ['~plugins/vuetify.js'],  ◄────────┐ 对插件文件的引用
...
```

　　配置 Vuetify 的最后一步就是添加 CSS。官方文档建议从 Google 导入 Material Design 图标并添加指向 Vuetify CSS 文件的链接。

　　还记得之前我们导入了 stylus-loader 吗？那么现在可以在 nuxt.config.js 文件中添加指向我们自己的 stylus 文件的链接。在顶部的 CSS 块中，如果存在的话删除 main.css 文件，并添加指向我们稍后将创建的 app.styl 文件的链接。另外，在 head 部分添加 Google Material Design 图标的样式表。完成后的 nuxt.config.js 文件应该如代码清单 11.4 所示。

代码清单 11.4　添加 CSS 和字体：chapter-11/itunes-search/nuxt.config.js

```
module.exports = {
/*
** Headers of the page
*/
head: {
  title: 'iTunes Search App',
  meta: [
    { charset: 'utf-8' },
    { name: 'viewport', content: 'width=device-width, initial-scale=1' },
    { hid: 'description', name: 'description', content: 'iTunes search
    project' }
  ],
  link: [
    { rel: 'icon', type: 'image/x-icon', href: '/favicon.ico' },
    {rel: 'stylesheet', href: 'https://fonts.googleapis.com/
    css?family=Roboto:300,400,500,700|Material+Icons'}      ◀── 添加指向 Material
    ]                                                            Design 图标的链接
},
plugins: ['~plugins/vuetify.js'],
css: ['~assets/app.styl'],          ◀── 移除 main.css 引用并添
/*                                       加指向 app.styl 的链接
** Customize the progress bar color
*/
loading: { color: '#3B8070' },
/*
** Build configuration
*/
build: {
  vendor: ['axios', 'vuetify']
}
}
```

现在需要创建 assets/app.styl 文件，如下面的代码清单 11.5 所示。这样就在应用程序中引入了 Vuetify 样式。

代码清单 11.5　添加 stylus CSS：chapter-11/itunes-search/assets/app.styl

```
// Import Vuetify styling                    导入 main CSS
@require '~vuetify/src/stylus/main'     ◀──
```

完成此操作后，运行 npm run dev 命令并验证在控制台中没有看到任何报错。如果有报错，请打开 nuxt.config.js 文件并检查是否有任何丢失的逗号或拼写错误。此外，确保已安装所有依赖项，包括 stylus 和 stylus-loader。必须安装这些 Vuetify 才能正常运行。

11.2.3　创建构建块和组件

组件是应用程序的构建块。可以将应用程序拆分为可以重新构建的不同部分。在构建路由之前，你可能已经注意到有一个 components 文件夹。这个文件夹是我们放置所有普通组件的地方。

> **注意**　Nuxt.js 为我们提供了两种不同类型的组件。一种是 supercharged 组件，另一种是非 supercharged 组件。supercharged 组件可以访问特殊的 Nuxt 配置，并且都位于 pages 文件夹中。这些选项允许访问服务器端数据。pages 文件夹是我们设置路由的地方，同时也是索引组件所在的位置。

在本节中，将讨论如何使用 components 文件夹中的组件。为我们的音乐搜索应用程序创建两个组件：Card 组件和 Toolbar 组件。Card 组件将保存我们找到的每个艺术家专辑的信息。Toolbar 组件将创建一个简单的工具栏，该工具栏将显示在每个路由的顶部。我们将使用 Vuetify 来帮助创建这两个组件。我们将使用 Vuetify 向你展示这些 HTML 和 CSS，但我们不会详细介绍。

> **注意**　如果想探索 Vuetify 的所有可选配置，建议阅读 https://vuetifyjs.com/vuetify/quick -start 上的快速入门指南。

在 components 文件夹中创建一个文件 Toolbar.vue，将在这个文件中保存工具栏模板。在工具栏模板中，我们将使用 Vuetify 的几个内置组件，还将添加局部 CSS 来删除链接上的文本装饰。完成后，工具栏应如图 11.6 所示。

在 Vue.js 中，通常使用 route-link 组件在应用程序内导航，但 Nuxt.js 中不存在此组件。要在路由之间导航，必须使用 nuxt-link 组件；它的工作原理与 route-link 完全相同。正如代码清单 11.6 所示，只要单击顶部的 iTunes Search 文本，就会使用 nuxt-link 组件创建指向应用程序根路由的链接。将相关代码添加到 Toolbar.vue 文件中。

Toolbar.vue会在每页的顶部显示

图 11.6　搜索 ToolBar.vue

代码清单 11.6　添加 Toolbar 组件：chapter-11/itunes-search/components/Toolbar.vue

```
<template>
  <v-toolbar dark color="blue">          ← 添加 v-toolbar
    <v-toolbar-side-icon></v-toolbar-side-icon>   Vuetify 组件
    <v-toolbar-title class="white--text">
```

```
    <nuxt-link class="title" to="/">iTunes Search</nuxt-link>
  </v-toolbar-title>
  <v-spacer></v-spacer>
  <v-btn to="/" icon>
    <v-icon>refresh</v-icon>
  </v-btn>
 </v-toolbar>
</template>
<script>
</script>
<style scoped>
.title {
  text-decoration: none !important;
}
.title:visited{
  color: white;
}
</style>
```

nuxt-link 组件将导航
跳转至"/"

组件内的局部 CSS

我们需要创建的下一个组件是 Card 组件。我们将在结果页面中使用它，显示艺术家的每张专辑。我们再用 Vuetify 美化这个组件。完成后，效果应该如图 11.7 所示。

① 专辑名称。

② 艺术家名字。   ③ 封面。

图 11.7   带示例文本的 Card 组件

除了 Vuetify，还将使用 props。结果页面将负责访问 API 并检索专辑信息。然后我们将使用 props 将信息传递到组件中。我们将传递 title、image、artistName、url 和 color。

v-card 组件接收 href 和 color 特性。可以使用 v-on 指令将 props 与特性绑定。v-card-media 组件接收 img 特性。我们将 image props 与它绑定。最后，将套用样式类来显示 artistName 和 title。这可以让标题和艺术家姓名在卡片上居中显示。复制代码清单 11.7 中的代码，并在 components 文件夹中创建一个名为 Card.vue 的文件。

代码清单 11.7   添加 Card 组件：chapter-11/itunes-search/components/Card.vue

```
<template>
  <div id="e3" style="max-width: 400px; margin: auto;"
```

```
        class="grey lighten-3">
            <v-container
            fluid
            style="min-height: 0;"
            grid-list-lg>
            <v-layout row wrap>
              <v-flex xs12>
                <v-card target="_blank"
                        :href="url"
                        :color="color"
                        class="white--text">
                  <v-container fluid grid-list-lg>
                    <v-layout row>
                      <v-flex xs7>
                        <div>
                          <div class="headline">{{title}}</div>
                          <div>{{artistName}}</div>
                        </div>
                      </v-flex>
                      <v-flex xs5>
                        <v-card-media
                        :src="image"
                        height="100px"
                        contain>
                        </v-card-media>
                      </v-flex>
                    </v-layout>
                  </v-container>
                </v-card>
              </v-flex>
            </v-layout>
          </v-container>
        </div>
      </template>
<script>
export default {
    props: ['title', 'image', 'artistName',
'url', 'color'],
}
</script>
```

Vuetify v-card 组件接收 href 和 color 特性

类名为 headline 的<div> 标签用来展示标题

展示艺术家姓名的 <div>标签

Vuetify v-card 组件 接收 src 特性

使用 props 属性数组 将属性传给组件

在把页面和默认布局融合之后，Toolbar 和 Card 组件就会起作用。

11.2.4　更新默认布局

现在组件已就位，需要进一步在 layouts 文件夹中更新我们的默认布局。顾名思义，默认布局将包裹应用程序中的所有页面。每个布局内部有一个<nuxt/>组件。这是每个页面的入口。default.vue 文件实现了默认布局。在每个页面组件中都可以重写布局。页面由持有特殊属性的组件组成，它们帮助定义整个应用程序的路由结构。

对于这个音乐搜索应用程序，我们会更新 default.vue 并做一些微调。我们希望将Toolbar.vue 文件添加到每个路由的顶部，而不用在应用程序的每个页面上添加。只要把它添加到默认布局中，它就会出现在应用程序的每个页面上。更新 default.vue 文件，添加一个新的 section 元素，类名为 container。在<script>标签中引入 Toolbar 组件并在components 文件夹中登记。然后如代码清单 11.8 所示，在<nuxt/>组件的上方添加<ToolBar/>组件，更新/layouts 文件夹中的 default.vue 文件。

代码清单 11.8　更新默认布局：chapter-11/itunes-search/layouts/default.vue

```
<template>
  <section class="container">          ←──  包裹<div>的
    <div>                                    <section>容器
      <ToolBar/>                        ←──  将 Toolbar 组件
      <nuxt/>                                 添加到模板
    </div>
  </section>
</template>

<script>
import ToolBar from '~/components/Toolbar.vue';   ←── 导入 ToolBar
export default {                                        组件
  components: {
    ToolBar
  }
}
</script>
<style>
...
```

现在布局已经就绪，可以继续添加 Vuex 存储。

11.2.5　添加 Vuex 存储

我们的音乐搜索应用程序中的专辑信息将保存在 Vuex 存储中。在 Nuxt.js 中，可以在应用程序的任何位置访问 Vuex 存储，包括中间件。中间件允许在路由加载之前插入代码。我们将在 11.2.6 节介绍中间件。

使用 Vuex，我们将创建一个简单的存储。该存储在 state 中有一个 albums 属性，并且还有一个名为 add 的 mutation。add 将获取 payload 并赋值给 store/index.js 文件中的 state.albums，如代码清单 11.9 所示。在 store 文件夹中创建一个名为 index.js 的文件，将相关代码添加到其中。

代码清单 11.9　添加 Vuex 存储：chapter-11/itunes-search/store/index.js

```
import Vuex from 'vuex'

const createStore = () => {
  return new Vuex.Store({
    state: {
      albums: []
    },
    mutations: {
      add (state, payload) {
        state.albums = payload;
      }
    }
  })
}

export default createStore
```

albums 属性是 Vuex 存储中唯一的 state

添加 mutation，把 payload 添加给 albums 属性

现在已经建立好存储了，我们可以把调用 API 的中间件放进存储中。

11.2.6　使用中间件

中间件是 Node.js 和 Express 中的常用术语，指代可以访问 request 和 response 对象的函数。在 Nuxt.js 中，中间件的含义与上述定义相近。它在服务器和客户端上运行，可以在应用程序的任何页面上设置。它可以访问 request 和 response 对象，并在路由渲染之前运行。

> 注意　中间件和 asyncData(我们将在后面详细介绍)在服务器和客户端上运行。这意味着当路由第一次加载时，asyncData 和中间件将从服务器运行。但是，后续每次路由加载时，都会在客户端上运行。在某些情况下，你可能希望纯粹在服务器而不是客户端上运行代码。serverMiddleware 属性正好派上用场。该属性在 nuxt.config.js 中配置，可用于在服务器上运行应用程序代码。有关 serverMiddleware 的更多信息，请查看 https://nuxtjs.org/api/configuration-servermiddleware/ 上的官方指南。

中间件在/middleware 目录下创建。每个中间件文件都有一个函数，可以访问称为上下文的对象。上下文对象有许多不同的键，包括 request、response、store、params 和 environment。你可以从 https://nuxtjs.org/api/context 的官方文档中找到上下文对象的键的完整列表。

在我们的应用程序中，我们希望在路由参数中发送艺术家的名字。这可以通过 context.params 对象来访问。我们可以使用参数构建对 iTunes API 的请求并获取专辑列表。然后我们可以将专辑列表赋值给 Vuex 存储中的 albums 属性。

要向服务器发出请求，需要使用库简化请求过程。有许多库可选，推荐使用 axios，它是一个 HTTP 库，能让我们从浏览器或 Node.js 发出 HTTP 请求。它可以自动转换我们的 JSON 数据格式，并支持 Promise。要了解有关 axios 库的更多信息，可访问 https://github.com/axios/axios 上的官方 GitHub 页面。

在 middleware 文件夹中创建名为 search.js 的文件，添加代码清单 11.10 中的代码。这些代码向我们的音乐搜索应用程序发送 HTTP GET 请求，并将 params.id 作为请求中的搜索词传递。当 Promise 返回时，使用 store.commit 函数调用 add mutation。你可能已经注意到我们正在使用 {params,store} 这种 ES6 解构赋值语法。可以使用解构提取需要的键值，而不是传入整个上下文。

代码清单 11.10   设置中间件：chapter-11/itunes-search/middleware/search.js

```
import axios from 'axios'

export default function ( {params, store} ) {          ← 能够获取 store 和 params
  return axios.get(`https://itunes.apple.com/              的 default 函数
     search?term=${params.id}&entity=album`)
       .then((response) => {
           store.commit('add', response.data.results)  ← 把来自服务器请求的
       });                                                 响应数据存入存储
}
```

至此所有部分已经准备就绪，现在可以开始编写页面和路由了。

11.2.7   使用 Nuxt.js 生成路由

Nuxt.js 中的路由与普通 Vue.js 应用程序中的略有不同。你不需要为所有路由设置 VueRouter。相反，路由是由你在 pages 目录下创建的文件树派生的。

每个目录都是应用程序中的路由。目录中的每个.vue 文件也与路由对应。假设你有一个 pages 路由，在该路由中有一个 user 路由。要创建这些路由，目录结构将如图 11.8 所示。

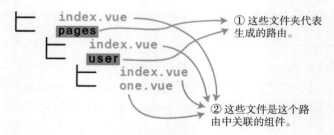

图 11.8   创建路由的目录结构

pages 目录下的文件夹结构会自动生成路由，如代码清单 11.11 所示。

代码清单 11.11　自动生成的路由结构

```
router: {
  routes: [
    {
      name: 'index',
      path: '/',
      component: 'pages/index.vue'
    },
    {
      name: 'user',
      path: '/user',
      component: 'pages/user/index.vue'
    },
    {
      name: 'user-one',
      path: '/user/one',
      component: 'pages/user/one.vue'
    }
  ]
}
```

←————————　pages 索引路由

这是你可以执行的路由类型的简短示例。可以从 https://nuxtjs.org/guide/routing 的官方指南中找到有关路由的更多信息。

在我们的应用程序中,情况会更简单。我们只有两条路由,其中一条是动态的。要在 Nuxt.js 中定义动态路由,必须在名称前加上下划线。如图 11.9 所示,pages 文件夹的根目录下有一个 index.vue 文件。这是根组件,将在应用程序启动时加载。你还会看到 README.md 文件。该文件可以删除,它提醒你目录内应该放什么。_id 路由是动态的。id 将与艺术家的名字匹配,并传递到路由中。

在 pages 文件夹中创建 results 目录。然后打开 index.vue 文件,删除所有内容并添加代码清单 11.12 中非常简单的代码。我们在顶部有一个模板,其中有一个<h1>标签和一个表单元素。将 v-on 指令附加到表单的 submit 事件上,再使用事件修饰符 prevent 阻止表单提交。

图 11.9　音乐搜索应用程序的目录结构

在 submit 方法中,使用 this.$router.push,这会将应用程序路由到 results/页面。我们将搜索结果作为参数传递给路由。因为我们设置了动态_id 路由,所以搜索结果将显示为 URL 的一部分。例如，如果搜索 Taylor Swift，URL 将为/results/taylor%20swift。
不要担心其中的%20，它会被自动替换成空格字符。

在 page 组件的底部，添加<style>标签，如代码清单 11.12 所示。这将使页面的文
本居中并添加一点内边距。

代码 11.12   创建 index 页面：chapter-11/itunes-search/pages/index.vue

```
<template>
  <div>
    <h1>Search iTunes</h1>
    <br/>
    <form @submit.prevent="submit">                    ← 带有 v-on 指令的表单元素，可以
      <input placeholder="Enter Artist Name"              在提交表单时触发 submit 方法
             v-model="search"
             ref='search' autofocus />
    </form>
  </div>
</template>
<script>
export default {
  data() {
    return {
      search: ''
    }
  },
  methods: {
    submit(event) {
      this.$router.push(`results/${this.search}`);    ← 将应用程序路由
    }                                                     至结果页面
  }
}
</script>

<style>                    ← 在页面中加入居
* {                          中和内边距样式
  text-align: center;
}
h1 {
  padding: 20px;
}
</style>
```

音乐搜索应用程序的最后一部分是_id 页面，它将在搜索结果中显示每张专辑的
卡片，还会在每张卡片上交替显示蓝色或红色。

在本章的前面，提到了页面是 supercharged 组件。换句话说，它们可以使用某些
仅限于 Nuxt.js 的选项。这些选项包括 fetch、scrollToTop、head、transition、layout 和

validate。我们看一下另外两个名为 asyncData 和 middleware 的选项。如果你想了解有
关 Nuxt.js 选项的更多信息，请查看 https://nuxtjs.org/guide/views 上的官方文档。

　　middleware 选项允许我们定义要在页面中使用的中间件。每次加载组件时都会运
行这些中间件。可以在代码清单 11.13 中看到 _id.vue 文件正在使用我们之前创建的中
间件 search。

代码清单 11.13　创建动态路由：chapter-11/itunes-search/pages/results/id.vue

```
<template>
  <div>
    <h1>Results for {{$route.params.id}}</h1>
    <div v-if="albumData">
      <div v-for="(album, index) in albumData">
        <Card :title="album.collectionCensoredName"
              :image="album.artworkUrl60"
              :artistName="album.artistName"
              :url="album.artistViewUrl"
              :color="picker(index)"/>
      </div>
    </div>
  </div>
</template>
<script>
import axios from 'axios';
import Card from '~/
export default {
  components: {
    Card
  },
  methods: {
    picker(index) {
      return index % 2 == 0 ? 'red' : 'blue'
    }
  },
  computed: {
    albumData(){
      return this.$store.state.albums;
    }
  },
  middleware: 'search'
}
</script>
```

消息由搜索结果传入的参数拼接而成

v-if 指令控制卡片仅在 albumData 有值时展现

用 v-for 指令遍历 albumData

在 Card 组件中传入专辑信息

picker 方法相应地返回红色或蓝色

指定路由使用的中间件

　　另一个选项名为 asyncData。它很有用，因为它允许我们在不使用存储的情况下
获取数据并在服务器上预呈现数据。正如你在 middleware 部分看到的那样，我们必须

使用 Vuex 存储来保存数据，以便我们的组件可以访问它们。使用 asyncData 时，你不必执行此操作。我们先来看看如何使用中间件访问数据。然后用 asyncData 进行重构。

在 pages/results 文件夹中创建一个名为_id.vue 的文件。在新组件内，为 albumData 添加 v-if 指令。这样可以保证在显示之前加载专辑数据。接下来，添加用于遍历 albumData 的 v-for 指令。

在每次迭代中，将展示一张卡片，并将 title、image、artistName、url 和 color 专辑数据传递给它。颜色将通过一个名为 picker 的方法计算，它将根据索引值在红色和蓝色之间切换。

在_id.vue 文件的顶部，我们获取{{$route.params.id}}，这是从搜索结果传入的参数。

正如你在代码清单 11.14 中看到的，我们将添加一个名为 albumData 的计算属性。这会从存储中获取数据。存储由路由加载时触发的中间件搜索结果填充，如刚才的代码清单 11.13 所示。

运行命令 npm run dev，在 Web 浏览器中访问 localhost 端口 3000。如果已经运行了 npm run dev 命令，确保关闭并重新启动 Web 浏览器。你应该看到音乐搜索应用程序已打开。如果没有打开，请在控制台中确认报错信息。有时错误原因很简单，比如组件名称拼写错误。

让我们对音乐搜索应用程序再做一次修改。就像之前所说的那样，我们可以使用 asyncData。此选项用于在组件初始加载时从服务器端加载数据。它与中间件类似，因为我们可以通过它访问上下文。

使用 asyncData 时要小心。你将无法通过此方式访问使用它的组件，因为它在启动组件之前调用。但它会将获取到的数据与组件合并，因此不必使用 Vuex。可以从 https://nuxtjs.org/guide/async-data 的官方文档中找到有关 asyncData 的更多信息。

再次打开_id.vue 文件并删除 albumData 计算属性。这次我们不使用它，而是创建 asyncData 选项，如代码清单 11.14 所示。在该选项中，我们将使用 axios 执行 HTTP GET 请求。与中间件类似，asyncData 也可以访问上下文对象。我们将使用 ES6 的解构赋值语法来获取参数，然后在音乐搜索应用程序中使用它们。在 response 中，我们将设置 albumData 对象。初始化组件后，我们可以使用此对象，如代码清单 11.14 所示。

代码清单 11.14   asyncData 使用示例：chapter-11/itunes-search/pages/results/_id.vue

asyncData 可以访问
params 键值

```
...
  asyncData ({ params }) {
    return axios.get(`https://itunes.apple.com/
    search?term=${params.id}&entity=album`)
      .then((response) => {
      return {albumData: response.data.results}
});
```

在带有 param.id 的 axios.get 命令执行之后，出现 rosponse

这会返回可以让组件访问的新的 albumData 属性

```
    },
...
```

这样 asyncData 部分就结束了。保存文件并再次运行 npm run dev 命令。你应该可以看到页面跟之前的表现一样。如你所见，我们没用 Vuex 存储就实现了一样的效果。

11.3　用 Firebase 和 VuexFire 与服务器通信

Firebase 是一款 Google 产品，可帮助你快速为移动设备和桌面设备创建应用程序。它提供多种服务，包括分析、数据库、消息传递、崩溃报告、云存储、托管和身份验证。Firebase 可自动扩容，易于启动和运行。你可以从官方主页 https://firebase.google.com/ 上找到有关所有 Firebase 服务的更多信息。

对于本节中的示例，将使用其中两种服务：身份验证和实时数据库(Realtime Database)。我们将采用现有的宠物商店应用程序并对其进行修改以包含这些服务。

让我们想象一下，如果我们被告知需要在云端托管宠物商店应用程序并添加身份验证。回想一下前一章，我们的宠物商店应用程序使用文本文件 products.json，需要将 products.json 文件的内容移到 Firebase 的实时数据库。然后修改宠物商店应用程序，使其从 Firebase 而不是文本文件中提取数据。

另一个重要方面是使用 Firebase 的内置云服务添加简单的身份验证。我们将在标题部分创建一个新按钮来登录和注销，你将看到如何将会话数据保存到我们的 Vuex 存储中。完成所有操作后，我们的宠物商店应用程序将如图 11.10 所示。

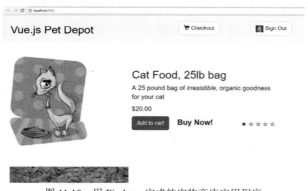

图 11.10　用 Firebase 完成的宠物商店应用程序

11.3.1　设置 Firebase

如果你有 Google 账户，可以访问 http://firebase.google.com 并登录。如果你没有 Google 账户，可访问 http://accounts.google.com 并注册一个免费的(Firebase 每月可以免费使用一定量的服务处理，超过以后需要付费)。

登录后，你将看到欢迎页面。然后，你将有机会创建一个 Firebase 项目，如图 11.11 所示。

图 11.11　创建 Firebase 项目

单击 Add project 后，需要键入项目名称和国家地区。单击 Create project，你将看到 Firebase 控制台。这是我们设置数据库、进行身份验证和获取项目启动关键数据的地方。

单击左侧的 Database，你应该看到两个选项：Realtime Database 和 Cloud Firestore。我们将使用 Realtime Database，单击 GET STARTED 按钮(见图 11.12)。

图 11.12　选择数据库

此时，我们将把 products.json 文件添加到 Firebase 数据库中。可以导入 JSON 文件，但我们选择手动导入，以便我们可以理解整个流程。单击数据库名称旁边的加号 (+)，添加 products 子项。在单击 ADD 按钮之前，再次单击加号。这将创建另一个子项。在 Name 框中，输入一个数字。再次单击加号，创建 7 个子项，分别是 title、 description、price、image、availableInventory、id 和 rating。填写信息并重复其他商品。完成后，效果应该如图 11.13 所示。

① 单击这里的加号以创建每一组商品。

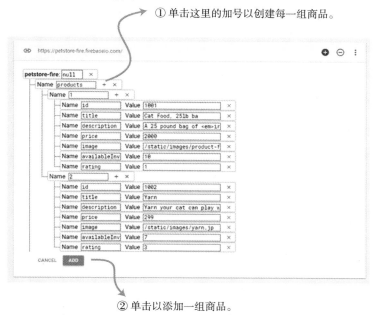

② 单击以添加一组商品。

图 11.13　设置 Firebase 实时数据库

单击 ADD 按钮，你将在数据库中看到两个商品。如果愿意，可以重复这个过程并再添加一些商品。

完成此操作后，需要设置身份验证。单击左侧控制台中的 Authentication。你将看到一个窗口，其中包含用于 SET UP SIGN-IN METHOD 的按钮。单击该按钮，如图 11.14 所示。

单击将创建新的登录方法

图 11.14　设置身份验证

在下一页选择 Google。我们将在宠物商店应用程序中使用这种身份验证方式。通过 Facebook 或 Twitter 进行验证也很容易，但在这个例子中，我们假设任何想要登录宠物商店应用程序的人都有 Google 账户。在设置窗口中，滑动 Enable 按钮并保存，如图 11.15 所示。这应该就可以了，这将使我们能够使用 Google 登录。

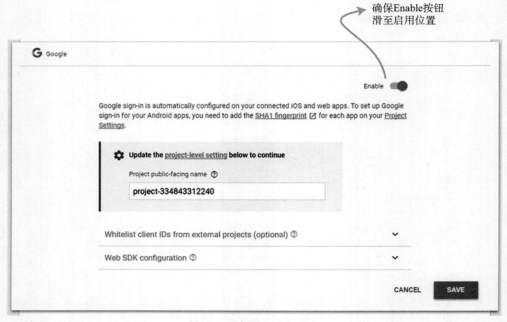

图 11.15   启用 Google 登录

最后，我们需要获取配置信息。单击控制台左侧的 Project Overview，返回项目概览页面。你将看到一个用于添加 Firebase 到 Web 应用程序的按钮。单击此按钮，将打开一个窗口，其中包含 Firebase 密钥和初始化信息。记录这些信息以备用，我们在应用程序中设置 Firebase 时需要用到。

11.3.2   使用 Firebase 设置宠物商店应用程序

现在我们已经设置了 Firebase，需要更新宠物商店应用程序才能使用它。我们最后一次使用宠物商店应用程序是在第 10 章，当时我们加入了 Vuex。从上一章复制宠物商店应用程序或下载本章的代码。我们将使用这些代码作为起点。

要让 Firebase 与 Vue 一起正常工作，需要使用名为 VueFire 的库。这有助于我们与 Firebase 进行通信并设置需要绑定的信息。如果你想查阅有关 VueFire 的更多信息，可访问 GitHub 官方页面 https://github.com/vuejs/vuefire。

打开控制台并将当前目录更改为宠物商店应用程序的位置。使用以下命令安装 VueFire 和 Firebase：

```
$ cd petstore
$ npm install firebase vuefire -save
```

这将安装并保存需要的所有依赖项。

在宠物商店应用程序的根目录下的 src 文件夹中创建名为 firebase.js 的文件。还记得从 Firebase 控制台复制的初始化信息吗？我们现在需要它们。在文件的顶部，从 Firebase 导入{initializeApp}。导入后，创建一个名为 app 的 const 变量并粘贴到之前记录的初始化信息中。

创建两个导出，一个名为 db，另一个名为 productsRef。这将允许我们连接到 Firebase 数据库并检索之前创建的商品信息。如果想了解有关 Firebase API 的更多信息，可访问 https://firebase.google.com/docs/reference/js/ 上的官方 API 文档。将代码清单 11.15 中的代码复制到 src/firebase.js 文件中。

代码清单 11.15　设置 Firebase 并初始化文件：chapter-11/petstore/src/firebase.js

```
import { initializeApp } from 'firebase';          ◀── 在文件中导入 initializeApp

const app = initializeApp({          ◀── 从 Firebase 控制台接收的配置键
    apiKey: "<API KEY>",
    authDomain: "<AUTH DOMAIN>",
    databaseURL: "<DATABASE URL>",
    projectId: "<PROJECT ID>",
    storageBucket: "<STORAGE BUCKET>",
    messagingSenderId: "<SENDER ID>"
});
export const db = app.database();          ◀── 使用 ES6 导出数据库

export const productsRef = db.ref('products');          ◀── 使用 ES6 导出商品数据引用
```

我们现在需要设置 main.js 文件，以便它可以连接之前安装的 VueFire 库，还需要确保导入 Firebase 以及之前创建的 firebase.js。Vue.use(VueFire)行会把 VueFire 设置为应用程序的插件。这是 VueFire 安装所必需的。更新 src/main.js 文件，参见代码清单 11.16。

代码清单 11.16　配置 main.js 文件：chapter-11/petstore/src/main.js

```
import Vue from 'vue'
import App from './App'
import router from './router'
require('./assets/app.css')
import { store } from './store/store';
import firebase from 'firebase';          ◀── 在 app 中导入 Firebase
import './firebase';          ◀── 导入 firebase.js 文件
import VueFire from 'vuefire';          ◀── 导入 VueFire

Vue.use(VueFire);          ◀── 配置 VueFire 为插件
Vue.config.productionTip = false
```

```
/* eslint-disable no-new */
new Vue({
  el: '#app',
  router,
  store,
  template: '<App/>',
  components: { App }
})
```

　　确保没有出现报错信息。保存所有文件并在控制台中运行 npm run dev 命令，这将启动本地服务器。我们很容易忘记导入某些文件，所以确保没有忘记配置 main.js 文件中的任何内容。因为我们已经配置了所有内容，所以现在看看如何在应用程序中设置身份验证。

11.3.3   用身份验证状态更新 Vuex

　　之前提到将在应用程序中使用身份验证。要保存信息，需要更新 Vuex 存储。为了简单起见，创建一个名为 session 的状态属性。用户通过身份验证后，Firebase 会返回一个 user 对象，其中包含 session 信息。把 user 对象保存下来是一种比较好的做法，因为这样就可以在应用程序的任何位置使用它。

　　打开 store/modules/products.js 文件，并在状态中添加新的 session 属性。与我们在上一章中所做的相同，我们将添加一个 getter 和一个 mutation。将这个 mutation 命名为 SET_SESSION。更新 store/modules/products.js 文件，使其与代码清单 11.17 中的内容匹配。

代码清单 11.17   更新 Vuex：chapter-11/petstore/store/modules/products.js

```
const state = {
  products: {},
  session: false     ◀──────  session 状态属性默
};                            认为 false

const getters = {
  products: state => state.products,
  session: state => state.session     ◀──────  会话的 getter
};

const actions = {
  initStore: ({commit}) => {
    axios.get('static/products.json')
    .then((response) =>{
      console.log(response.data.products);
      commit('SET_STORE', response.data.products )
    });
  }
```

```
};

const mutations = {
    'SET_STORE' (state, products) {
     state.products = products;
    },
    'SET_SESSION' (state, session) {        使用以 SET_SESSION 为名
     state.session = session;               的 mutation 设置会话数据
    }
};

export default {
    state,
    getters,
    actions,
    mutations,
}
```

现在，我们在 Vuex 中有了存储会话数据的地方，可以在此处添加用于从 Firebase
获取它的代码。

11.3.4　在 Header 组件中加入身份验证

在 Header 组件内，我们显示网站名称和 Checkout 按钮。让我们更新 Header 组件，
以显示 Sign In 和 Sign Out 按钮。

当 Header 组件加载完毕后，如果完成了登录，界面将如图 11.16 所示。请注意图 11.16
中 Sign Out 文本的旁边显示了一张图片，这张图片是从 Firebase 的 user 对象中获取的。

如果用户已登录，则会显示Sign Out按钮。

Vue.js Pet Depot　　　🛒 Checkout　　　👤 Sign Out

图 11.16　用户已登录

用户退出后，按钮变为 Sign In，如图 11.17 所示。

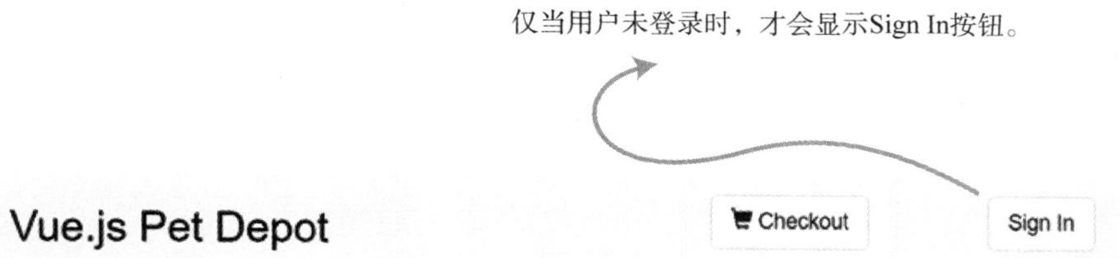

仅当用户未登录时，才会显示Sign In按钮。

Vue.js Pet Depot　　　🛒 Checkout　　　Sign In

图 11.17　用户已退出

打开 src/components/Header.vue 文件。在此文件中，我们将在模板中添加新的按钮。我们还需要添加两种新的登录和退出方法。在 navbar-header 下，为登录添加一个新的 div 部分(参见代码清单 11.18)。在此之下，添加另一个 div 部分用于退出。在退出 div 中，我们还将添加一张从 mySession 属性获取的图像。

用 v-if 指令包裹这两个 div。如果 mySession 属性为 false，它将显示 Sign In 按钮。如果 mySession 属性为 true，我们将使用 v-else 指令显示 Sign Out 按钮。如果会话已登录，我们将看到 Sign Out 按钮；如果会话已退出，我们将看到 Sign In 按钮。

因为 Header 组件的代码太多，我们把它拆分成三个代码清单(代码清单 11.18～代码清单 11.20)。确保获取每份代码清单的代码并将它们组合在一起。从代码清单中获取代码并组合好后，覆盖 src/components/Header.vue 文件。

代码清单 11.18   更新 Header 组件：chapter-11/header-temp.html

```
<template>
  <header>
    <div class="navbar navbar-default">
      <div class="navbar-header">
        <h1><router-link :to="{name: 'iMain'}">
{{ sitename }}
</router-link></h1>
      </div>
      <div class="nav navbar-nav navbar-right cart">
        <div v-if="!mySession">            ◀──  如果 mySession 为 false,
          <button type="button"                就会显示 Sign In 按钮
class="btn btn-default btn-lg"
v-on:click="signIn">       ◀──  带有 v-on 指令
          Sign In                    的 Sign In 按钮
          </button>
        </div>
        <div v-else>                   ◀──  如果 mySession 为 true,就
          <button type="button"             会显示 Sign Out 按钮
class="btn btn-default btn-lg"
v-on:click="signOut">
          <img class="photo"       ◀──  显示来自 mySession
:src="mySession.photoURL" />        的图像
          Sign Out
          </button>
        </div>
      </div>
      <div class="nav navbar-nav navbar-right cart">
        <router-link
active-class="active"
tag="button"
class="btn btn-default btn-lg"
```

```
:to="{name: 'Form'}">
        <span class="glyphicon glyphicon-shopping-cart">
{{cartItemCount}}
            </span>
Checkout
      </router-link>
    </div>
  </div>
  </header>
</template>
```

在模板中，我们创建了两个方法：signIn 和 signOut。我们还创建了一个名为 mySession 的计算属性。让我们继续使用这些新方法和计算属性创建组件的 script 部分。确保在 script 部分的顶部添加 import firebase from 'firebase'(参见代码清单 11.19)。

我们需要做的第一件事是添加一个名为 beforeCreate 的生命周期钩子。此钩子在创建组件之前触发。在这个钩子中，我们想要把当前会话数据放置于 Vuex 存储中。Firebase 有一个很好用的观察者，名为 onAuthStateChanged，它可以实现此操作。每当用户登录或退出时都会触发此观察者。我们可以在它被触发时用 SET_STORE 将会话信息与存储同步。有关 onAuthStateChanged 的更多信息，请查看 http://mng.bz/4F31 上的官方文档。

现在可以监听到用户登录和退出的时机，可以开始创建相关方法。创建一个名为 signIn 的方法，在该方法内部创建提供者 firebase.auth.GoogleAuthProvider()，将该提供者传递给 firebase.auth().signInWithPopup。这会打开一个弹出窗口，要求用户登录 Google 账户。signInWithPopup 会创建一个 Promise。如果登录成功，就会在控制台中看到 signed in。如果登录不成功，就会在控制台中看到 error。

请记住，因为我们在 beforeCreate 钩子中为 onAuthStateChanged 设置了一个观察者，所以不必在用户登录后设置任何其他变量。观察者将在我们登录或退出后自动更新存储。

signOut 方法的工作方式相同。当用户退出时，控制台中会显示 signed out。如果出现错误，则显示 error in sign out！

对于计算属性 mySession，将返回会话的 Vuex getter。如果会话不存在，则将其设置为 false。值得一提的是，可以将 mapGetters 与 Vuex 一起使用。这会自动将 getters 部分的会话映射到组件中的会话。但是，因为我们只需要一个 getter，所以我们决定还是使用 this.$store.getters.session。

复制代码清单 11.19 中的代码并添加到刚刚组合好的文件的底部，以用于 src/components/Header.vue。

代码清单 11.19　继续更新 Header 组件：chapter-11/header-script.js

```
<script>
import firebase from 'firebase';
export default {
  name: 'Header',
  data () {
    return {
      sitename: "Vue.js Pet Depot"
    }
  },
  props: ['cartItemCount'],
  beforeCreate() {
    firebase.auth().onAuthStateChanged((user)=> {
      this.$store.commit('SET_SESSION', user || false)
    });
  },
  methods: {
    showCheckout() {
      this.$router.push({name: 'Form'});
    },
    signIn() {
      let provider = new firebase.auth.GoogleAuthProvider();
      firebase.auth().signInWithPopup(provider).then(function(result) {
        console.log('signed in!');
      }).catch(function(error){
      console.log('error ' + error)
    });
    },
    signOut() {
      firebase.auth().signOut().then(function() {
        // Sign-out successful.
        console.log("signed out!")
      }).catch(function(error) {
      console.log("error in sign out!")
        // An error happened.
      });
    }
  },
  computed: {
    mySession() {
      return this.$store.getters.session;
    }
  }
}
</script>
```

将 onAuthStateChanged 观察者写在 beforeCreate 钩子中

signIn 方法让用户登录

signOut 方法让用户退出

现在终于可以添加一个新的 photo CSS 类来调整按钮中图片的大小。把代码清单 11.20 中的代码与之前的代码合并在一起，创建一个新的 Header.vue 文件，放在 src/components 文件夹中。

代码清单 11.20　更新标题样式：chapter-11/header-style.html

```
<style scoped>
a {
  text-decoration: none;
  color: black;
}

.photo {                                使用 photo CSS 类
                                        配置图片的宽高
  width: 25px;
  height: 25px;
}

.router-link-exact-active {
  color: black;
}
</style>
```

为 Header.vue 文件添加所有代码后，确保运行 npm run dev 命令并检查错误。我们非常容易在 onAuthStateChanged 观察者上出错，导致没有将状态提交给 Vuex 存储。请留意这一点。

11.3.5　更新 Main.vue 以使用 Firebase 实时数据库

完成所有身份验证后，让我们开始从数据库中获取信息。默认情况下，我们将 Firebase 中的数据库配置保留为只读，这对我们有用。

首先，更新 src/components/Main.vue 文件中的 mapGetters。你会注意到我们有用于获取 products 的 getter。删除 products 并添加 session getter。我们现在不会使用它，但能在 Main 组件中使用会话数据是很不错的。

要将实时数据库与 Firebase 一起使用，需要做的就是从 firebase.js 文件中导入 productsRef。然后，需要创建一个 Firebase 对象，将 productsRef 映射到 products 上。Main.vue 文件中的所有其他代码可以保持不变。用代码清单 11.21 中的代码更新 src/components/Main.vue 文件。

代码清单 11.21　更新 Main.vue 文件：chapter-11/update-main.js

```
...
import { productsRef } from '../firebase';        从 firebase.js 文件导
export default {                                   入 productsRef
```

```
    name: 'imain',
    firebase: {
        products: productsRef          ← 把 productsRef 映射
    },                                     到 products 上
...
    computed: {
      ...mapGetters([
          'session'                    ← 更新 mapGetters，获取 session
      ])                                  信息而不是 products 信息
...
```

保存所有文件并运行 npm run dev 命令。在浏览器中，你会注意到商品列表的显示稍有延迟。这表示商品数据正在从 Firebase 下载。你可以随时进入 Firebase 并添加新的商品，之后应该会在商品列表中看到更新的数据。

你可能想知道接下来我们可以做什么。使用 session 属性，可以让应用程序的不同功能模块只有在用户登录时才可以访问。可以使用 v-if 指令或通过路由执行此操作。通过路由，可以为路由添加<meta>标签。然后可以使用 router.beforeEach 让登录用户跳转到某些路径。我们将这个概念称为导航守卫。可以参阅官方文档中的导航守卫部分来了解详情，网址为 https://router.vuejs.org/guide/advanced/navigation-guards.html。在下一章中，将介绍测试以及如何使用它确保应用程序会按照我们的期望运行。

11.4　练习题

运用本章介绍的知识回答下面的问题：
在 Nuxt.js 应用程序中，使用 asycData 与使用中间件相比有什么好处？
请参阅附录 B 中的解决方案。

11.5　本章小结

- 可以使用 axios 之类的库与 Web API 进行通信。
- 可以使用服务器端呈现的 Nuxt.js 应用程序创建快速加载站点。
- 可以使用 Firebase 从在线数据存储中获取信息。
- 在应用程序内可对用户进行身份验证。

第 *12* 章

测试

本章涵盖：

- 理解为什么要进行测试
- 实施单元测试
- 测试组件
- 测试 Vuex

　　我们已经在本书中讨论了许多重要的主题，但有一个经常被忽视的主题没有得到足够的重视：测试。测试是任何软件开发项目中非常重要的一个方面。它确保应用程序的行为符合我们的预期——没有 bug。在本章中，将首先讨论为什么要为应用程序创建测试。然后讲一下单元测试的基础知识。接下来，将介绍组件测试，包括组件的输出和方法。最后，我们来看看如何使用 Vuex 开展测试。

　　在开始之前值得一提的是，测试是一个大的主题。在本章中，将介绍使用 Vue.js 进行测试的几个最重要的方面。强烈建议你查看 Edd Yerburgh 撰写的 *Testing Vue.js Applications*(Manning，2018)一书。在这本书中，Edd 深入研究了创建和开发测试的更多细节。他还介绍了服务器端渲染测试、快照测试，以及如何测试 Mixin 和过滤器。

快照测试

如果希望确保 UI 不被意外更改，快照测试是很有用的工具。在本章中，将使用 mocha-webpack，它在撰写本书时不支持快照测试。但是，如果想了解有关快照测试的更多信息，请查看官方指南，在 http://mng.bz/1Rur 上可以了解有关如何设置 Jest 快照测试的更多信息。

12.1　创建测试用例

通常，在软件开发领域，有两种测试代码的方法：手动测试和自动化测试。我们先来谈谈手动测试。

你可能在开始编码的时候就已经开始了手动测试。对于你编写的每一行代码，你可能已经反复检查以确保输出符合预期。例如，在我们的宠物商店应用程序中，我们添加了一个按钮，用于将商品添加到我们的购物车。在前面的章节中，我们通过单击按钮，然后检查购物车中的商品件数来手动测试。

在宠物商店应用程序中，我们还添加了一个用于路由到结账页面的按钮。再一次，我们可以单击该按钮并确保它被正确重定向。手动测试适用于没有太多流程的小型应用程序。

现在想象一下我们正在与一组开发人员合作的场景。我们有一个正在编码的应用程序，许多开发人员正在编写代码。开发人员每天不断把代码推送到版本控制系统(Version Control System)。可以想象，依靠每个开发人员手动彻底测试代码并验证没有造成任何破坏是不可能的。手动测试就像一场噩梦，肯定会有 Bug 意外出现。

在某些组织中，质量保障部门(Quality Assurance Department)负责在开发部门发布代码后手动测试代码。这有助于减少 Bug 到达生产环境的可能性，但它会减慢整个发布过程。此外，许多质量保证开发人员没有足够的资源或时间对代码进行完整的回归测试(Regression Test)。

定义　回归测试是一种软件测试，用于验证应用程序在更新后仍以相同的方式执行。

但是，自动化测试就可以帮助解决手动测试遇到一些问题。在我们假想的场景中，可以创建几个自动化测试，开发人员可以在将代码推送到生产环境之前运行这些测试。自动化测试比手动测试运行得快，并且更有可能立即捕获 Bug。使用许多自动化测试用例，开发人员可以对代码库进行完全回归，而不必担心必须耗费很多时间手动测试所有内容。

虽然自动化测试有许多好处，但它也有缺点。必须考虑的一个缺点是前期成本。编写测试用例需要时间，虽然从长远来看可能会节省时间，但与编写代码相比，将花费更长的时间编写测试用例。在完成所有设置之后，诸如持续集成、持续交付和持续部署等流程可以节省更多时间，我们将在 12.2 节中介绍。

12.2　持续集成、持续交付和持续部署

自动化测试还具有一个额外优势，就是让持续开发等工作流变成可能。此类工作流包括持续集成、持续交付和持续部署。顾名思义，这些工作流密切相关。我们会逐一简要讨论。

想象一下，我们正在创建一个基本的应用程序，它可以连接到数据库并检索图书网站信息。我们有一支团队致力于代码开发，但团队遇到了很多问题。大多数开发人员每隔几周就会在将代码推送到版本控制系统时出现合并冲突。此外，每个星期五，其中一人负责为最新代码手动创建模拟环境(Staging Environment，模拟环境运行生产代码用于测试)。由于代码库越来越大、越来越复杂，这需要花费更多的时间。向生产环境推送代码不太好。在一半的时间内生产代码无法正确构建，通常修复需要花费数小时。经理决定转用持续开发(Continuous Development)方式以帮助解决这些问题。该过程的第一步是持续集成。

12.2.1　持续集成

持续集成(Continuous Integration，CI)是一种每天多次将代码合并到主分支(master branch)的做法。

定义　主分支是生产代码通常所在的位置。分支是一个版本控制术语，它是代码库的副本，因此代码修改可以在两个分支中同时进行。

显而易见的好处是，CI 有助于避免合并冲突。当多个开发人员尝试将他们的代码合并或组合到一个分支时，合并冲突就会发生。每天多次将代码合并到主分支，有助于避免某个开发人员正在进行的工作破坏其他开发人员的代码。因为主分支不断更新，为同一项目工作的其他开发人员可以轻松地将最新代码拉取到他们自己的开发环境中，相对地确保代码是最新的。

在假想的场景中，我们的经理决定通过实现一个服务，在任何开发人员推送他们的代码之前运行自动化测试用例，使 CI 过程更顺畅。在像 Git 这样的版本控制系统中，开发人员可以提交 pull request。Travis、CircleCI 和 Jenkins 等服务可以帮助检查 pull request 在代码能被合并之前是否通过了所有测试用例。在系统检查就绪后，团队能看到较少的合并冲突，但他们仍然会遇到部署问题。

12.2.2　持续交付

持续交付(Continuous Delivery，CD)是一种软件工程方法，旨在快速、频繁地构建、测试和发布软件。目的是创建一条快速且可靠的部署通道，该通道是由一组在发布代码之前必需的检查引导的。例如，在发布软件之前，所有测试用例必须通过，构建必须通过且不会出现任何错误或警告。这些类型的检查有助于提供更可靠、更一致的发布。

通常，CD 不是开发团队的责任。通常，DevOps 团队负责建立和维护持续交付。理解这个过程的基础知识及其与测试的关系是很有帮助的。

通过持续交付，将代码合并或提交给主分支会触发网站的构建。这样会节省一些时间，因为去除了手动将网站部署到模拟环境的步骤。CD 还有额外的好处，只有在所有的测试用例都通过后才会部署，因此很少会出现网站被破坏的情况。

通过持续交付，我们的团队不再需要浪费大量时间创建和部署模拟环境。持续交付会确保流程每天发生。话虽如此，持续部署与持续交付有什么关系呢？

12.2.3　持续部署

持续部署(Continuous Deployment)比持续交付更进一步，并且在每次更改后都将代码直接部署到生产环境中。与持续交付一样，开发人员可以放心，因为在代码被部署到生产环境之前所有测试都已通过。

可以想象，如果自动化测试不够强大，无法检查应用程序的所有部分，那么在每次更改后都部署到生产环境会很危险。最糟糕的情况是，有问题的网站被部署到生产环境中。此时，就需要回滚或紧急修复。现在我们已经看到了将测试集成到工作流的方式，让我们看一下可用的测试类型以及如何在 Vue.js 中使用这些测试。

12.3　测试类型

在测试领域，我们可以创建多种类型的测试。在本章中，将介绍其中几种常见的测试，包括单元测试和组件测试。

单元测试(Unit Test)是针对应用程序的最小部分的测试。它们通常是应用程序中的函数，但并非总是如此。它们也可以是组件。让我们首先创建一个基本的单元测试，看看它是如何运作的。

单元测试具有独特的优势。首先，它们便捷并且运行快速。因为它们只测试一小段代码，所以它们可以快速运行。它们也可以作为文档。它们是关于代码行为的规范说明。单元测试也是可靠的，因为它们只测试一小部分代码。它们可以运行数千次并产生相同的输出。与不得不依赖 API 并可能经常出现故障的其他测试不同，单元测试应该永远不会出现此类问题。想象一下，你创建了一个将温度从华氏温度转换为摄氏温度的应用程序。在这个应用程序中，我们用一个函数来执行转换。我们可以轻松创建单元测试以验证返回的数值是否正确，参见代码清单 12.1。

代码清单 12.1　基本的单元测试：chapter-12/unit.js

```
function convert(degree) {
  let value = parseFloat(degree);
  return (value-32)/ 1.8;
}

function testConvert() {
  if (convert(32) !== 0) {          测试转换函数的一
    throw new Error("Conversion failed");   个基本单元测试
  }
}

testConvert();
```

组件测试(Component Test)是我们接下来要介绍的第二种测试。这种测试针对每个组件运行，验证它们的行为方式。它们可能比单元测试稍微复杂一些，因为它们对应用程序的覆盖面更广，并且它们更难以调试，但它们能验证组件是否符合要求并达成目标。

12.4　配置环境

我们对各种测试类型以及为什么需要测试有了很好的了解，现在配置一下环境。宠物商店应用程序可以使用多个测试，所以让我们添加一下。

在本节中，我们将修改宠物商店应用程序，以便我们可以使用 Vue.js 推荐的最新测试库。在撰写本书时，Vue-CLI 在我们生成项目时没有内置这些库，因此需要进行一些设置。这将要求我们安装多个软件包并配置一些文件。

在开始我们的设置之前，需要获得宠物商店应用程序的副本。如果一直在追随本书的示例，可以随意使用之前创建的应用程序。如果没有，请复制第 11 章的宠物商店应用程序，网址为 https://github.com/ErikCH/VuejsInActionCode。

vue-test-utils 是 Vue.js 的官方单元测试库。它让测试 Vue.js 变得更容易，推荐你使用它。我们将在本章中介绍该库的基础知识；如果想了解更多信息，可以阅读官方指南中有关它的工作原理，网址为 https://vue-test-utils.vuejs.org。

你可能还记得在第 7 章，当创建宠物商店应用程序时，对于 Nightwatch 和 Karma 我们回答的是 yes。这是有效的，但在撰写本书时，Vue-CLI 不支持 vue-test-utils 库的开箱即用。由于默认情况下未安装此库，因此需要安装它。

我们还需要在 vue-test-utils 库中选择想要使用哪个测试运行器(test-runner)。测试运行器将会选取我们创建的单元测试并执行它们。当第一次安装宠物商店应用程序时，我们只能选择 Mocha 或 Karma 作为测试运行器。Karma 使用 vue-test-utils，但非官方推荐。vue-test-utils 团队建议使用 Jest 或 mocha-webpack。因为我们已经安装了 Mocha，所以我们将继续安装 mocha-webpack。Jest 也是一个很好的选择，但本书不会介绍它。

注意 请记住，如果选择 Jest，本书中的所有测试仍然有效，但你需要做一些不同的设置。可以从 http://mng.bz/3Dch 的官方指南中找到有关如何设置 Jest 的说明。

因为我们将使用 mocha-webpack 作为测试运行器，所以需要安装一些其他东西。为了运行测试，你需要浏览器。我们可以在真实的浏览器中运行测试，例如 Chrome 或 Firefox，但不建议这样做，因为在浏览器中运行可能很慢，并且不如使用虚拟浏览器那样灵活。我们将使用名为 jsdom 和 jsdom-global 的模块作为替代。这些模块将模拟浏览器，它们是用于运行测试用例的虚拟浏览器。

定义 虚拟浏览器没有图形用户界面(Graphical User Interface，GUI)，有助于网页的自动化控制。虚拟浏览器的功能与现代浏览器大致相同，但通常通过 CLI 完成交互。

你还需要选择一个断言库，Chai 和 Expect 是较受欢迎的选择。断言库用于验证事情是否正确，而不是依赖 if 之类的语句。vue-test-utils 团队建议将 Expect 与 mocha-webpack 一起使用，因此将继续安装 Expect。可以在 http://mng.bz/g1yp 上找到关于如何选择断言库的更多信息

需要安装的最后一个库是 webpack-node-externals。这将帮助我们从测试包中排除某些 npm 依赖项。

你需要获取本书附带的宠物商店应用程序的最新版本。请注意，如果你从第 11 章下载最新版本的宠物商店应用程序，并且如果没有配置 Firebase 的话，则需要在 src 文件夹的 firebase.js 文件中输入你的 Firebase 配置。如果忘记此步骤，则无法加载应用程序！

在获取最新版本的宠物商店应用程序后，可通过运行以下命令安装这些依赖项：

```
$ cd petsotre
$ npm install
$ npm install --save-dev @vue/test-utils mocha-webpack
$ npm install --save-dev jsdom jsdom-global
$ npm install --save-dev expect
$ npm install --save-dev webpack-node-externals
```

安装依赖项后，我们将添加配置，编辑宠物商店应用程序的 build 文件夹中的

webpack.base.conf.js 文件，复制并粘贴代码清单 12.2 中的代码到文件的底部，配置 webpack-node-externals 和 inline-cheap-module-source 映射。这些模块需要这样配置才能正常工作。

代码清单 12.2　配置映射：chapter-12/setup.js

```
                                                          设置测试环境
if (process.env.NODE_ENV === 'test') {
  module.exports.externals = [require('webpack-node-externals')()]  ◀
  module.exports.devtool = 'inline-cheap-module-source-map'
}
```

在 test 文件夹中，你会注意到 unit 和 e2e 文件夹。我们不会用到这些文件夹，因此可随意删除。在 test 文件夹中添加一个名为 setup.js 的新文件。setup.js 文件是我们为 jsdom-global 和 expect 设置全局变量的地方。这将使我们不必将两个模块都导入每个测试用例。将代码清单 12.3 中的代码复制并粘贴到 test/setup.js 文件中。

代码清单 12.3　配置测试：chapter-12/petstore/setup.js

```
require('jsdom-global')()        ◀─── 设置 jsdom-global
global.expect = require('expect')        ◀─── 把 expect 放入 app
```

下一步需要在 package.json 文件中更新测试脚本。这些脚本会运行 mocha-webpack 测试运行器和我们的测试用例。为了简单起见，所有的测试用例都会以 spec.js 为文件扩展名。更新 package.json 文件，参见代码清单 12.4。

代码清单 12.4　更新 package.json：chapter-12/testscript.js

```
"test": "mocha-webpack --webpack-config
build/webpack.base.conf.js -require
  test/setup.js test/**/*.spec.js"
```

12.5　使用 vue-test-utils 创建第一个测试用例

对于第一个使用 vue-test-utils 的测试用例，让我们来看看是否可以验证在单击 Order 按钮后 Form 组件运行正确。当单击 Form 组件的 Order 按钮时，会出现一个弹框。可以测试这个弹框，但对于我们的设置来说很难，并且会要求我们更改 jsdom-global 配置。考虑到本次测试的目的，我们会创建一个属性，名为 madeOrder。这个属性的默认值为 false，单击 Order 按钮之后，它的值会变成 true。

订单信息将会刷新，在底部显示订单已完成的消息(见图 12.1)。当 madeOrder 为 true 时，将显示文本；当为 false 时，文本将不会显示。这样我们就可以在单击 Order 按钮后获得更多反馈，因为我们不再使用弹框。

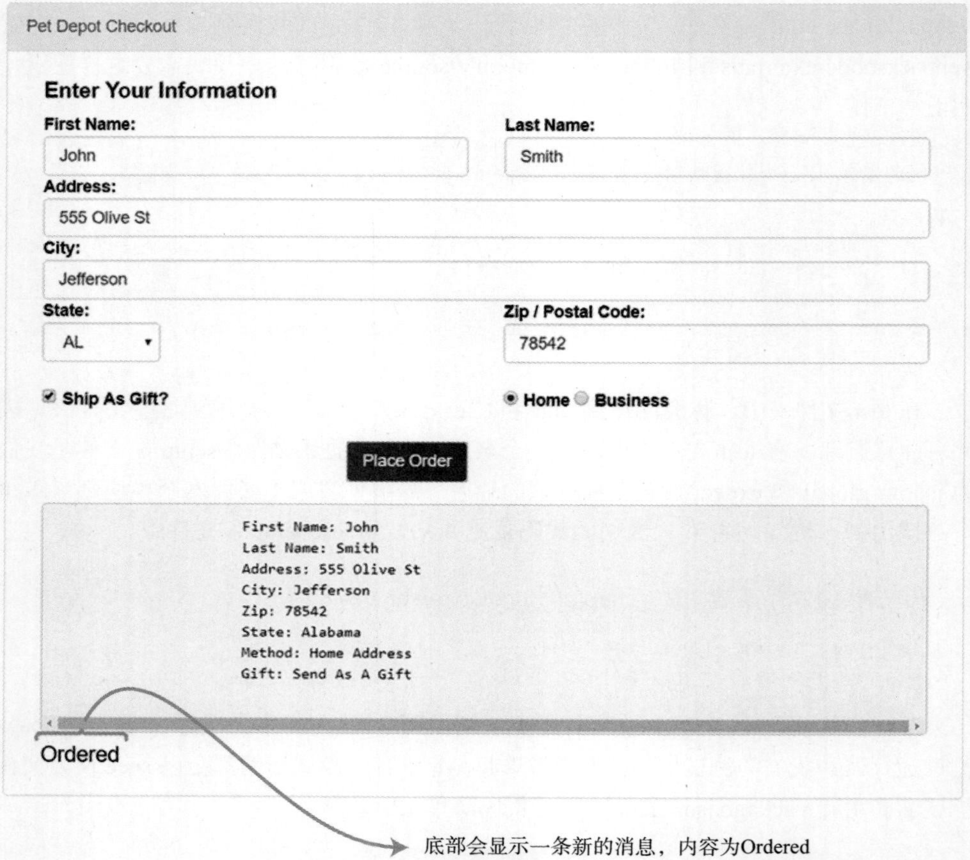

底部会显示一条新的消息，内容为 Ordered

图 12.1　在结账页面的底部显示 Ordered

要进行此更改，需要更新 src/components/Form.vue 文件。在 data 函数中添加名为 madeOrder 的新属性。编辑 submitForm 方法并删除弹框，然后添加 this.madeOrder = true。这将保证在应用程序启动时将 madeOrder 属性设置为 true。使用代码清单 12.5 中的代码更新 src/components/Form.vue。

代码清单 12.5　更新 Form 组件：chapter-12/form-update.js

```
...
        dontSendGift: 'Do Not Send As A Gift'
    },
    madeOrder: false          ← 添加新属性
                                 madeOrder
...
  methods: {
    submitForm() {
      this.madeOrder = true;          ← 设置 madeOrder
    }                                     为 true
```

```
        }
    ...
```

　　现在准备创建第一个测试用例。我们要验证在单击 Place Order 按钮后，madeOrder
属性被设置为 true。为了测试这个用例，将使用 vue-js-utils 的 shallow 函数。shallow
函数渲染 Vue 组件并将阻止渲染其拥有的任何子组件。另一个常用的函数是 mount，
它的工作原理与 shallow 相同，但它不会阻止子组件的渲染。

　　我们还需要导入 Form 组件。我们稍后会将它传递给 shallow 函数，用来创建一个
包装器(wrapper)。接下来，你会发现一个名为 describe 的函数。describe 函数用于将类
似的测试组合成一个测试套件。当从命令行运行测试时，可以看到测试套件是通过还
是失败。

　　it 函数是一个测试用例。这将是测试按钮的单元测试，它可以验证是否正确更新
了 madeOrder 属性。我们可以在每个测试套件中包含多个测试用例。

　　因为已经在使用 expect 断言库，所以我们可以用它来确保 madeOrder 属性被设置
为 true。在代码清单 12.6 中，我们使用 wrapper.vm.madeOrder 来访问该属性。从 shallow
函数返回的包装器(wrapper)对象有几个属性，其中一个属性名为 vm。我们可以使用
vm 属性来访问任何 Vue 实例方法或属性，它允许我们运行 Vue 组件内的任何方法或
获取任何属性，非常方便。

　　包装器还有一个 find 函数用于传入选择器。find 函数可以使用任何有效的 CSS 选
择器，例如标签名、ID 或类。然后我们可以使用 trigger 函数来触发事件——本例中按
钮上的单击事件。参考代码清单 12.6，创建新的 Form.spec.js 文件。

代码清单 12.6　第一个测试用例：chapter-12/petstore/test/Form.spec.js

```
import { shallow } from '@vue/test-utils'        ◄─── 导入 shallow 以备测
import Form from '../src/components/Form.vue'          试用例使用
                                     └─── 导入 Form 组件
describe('Form.vue', () => {

    it('Check if button press sets madeOrder to true', () => {
        const wrapper = shallow(Form)          ◄─── 把 shallow 的组件
选择(find)并  wrapper.find('button').trigger('click')     赋值给 wrapper
触发(trigger)    expect(wrapper.vm.madeOrder).toBe(true);
按钮        })                   验证 madeOrder 的值为 true
})
```

　　下面运行完成的测试用例。确保当前目录是宠物商店应用程序的根目录中并运行
npm test 命令。这样应该会运行测试套件。如果报错，请确保安装了之前讨论过的所
有依赖项，并验证 package.json 文件中是否包含测试脚本。如果所有测试通过，就会
显示我们在图 12.2 中看到的内容！

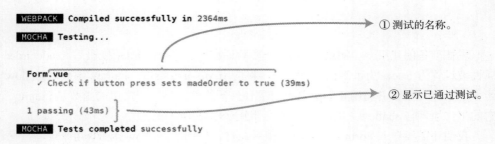

图 12.2　检查第一个测试用例，成功通过

因为所有测试都通过了，所以会显示测试成功的消息。让我们看看如果测试失败会是什么样。返回 petstore/test/Form.spec.js 文件。查找 expect 语句并将值设置为 false 而不是 true。再次运行命令 npm test，应该会测试失败。从图 12.3 可以看出，期望值和结果值显示在输出中。

图 12.3　测试用例失败

现在我们理解了测试的基本知识，下面介绍如何测试组件。

12.6　测试组件

在测试组件之前，你需要对规格要求有大概的了解。我们应该期望组件做什么？我们将以宠物商店应用程序为例。

我们的应用程序中有三个组件：Header、Form 和 Main。Header 组件的职责是显示购物车中的商品件数，并显示 Sign In 或 Sign Out 按钮。Form 组件的职责是显示所有表单输入框，并通过单击 Order 按钮为我们提供购买选项。Main 组件用于显示我们所有的商品，它需要渲染 Firebase 存储中的所有组件。

我们不会测试每个组件，但在创建任何测试用例之前记下每个组件的规格要求很重要。这样我们就会知道要测试什么。

12.6.1　测试属性

我们的许多组件都会有传递给它们的属性。例如，在宠物商店应用程序中，cartItemCount 被传递到 Header 组件并显示在右上角。让我们创建一个测试用例来验证这个属性是否被传入。

在 petstore/test/目录中创建一个名为 Header.spec.js 的文件。该文件将包含我们对 Header 组件的所有测试。在开始之前，我们需要做小小的设置。

如果查看了 Header.vue 文件，就会注意到我们正在使用 Firebase 和 Vuex。beforeCreate 钩子调用了 Firebase 函数，并使用 Vuex 存储命令(用于提交会话)设置赋值。我们不会在此例中测试 Vuex 或 Firebase，但需要导入它们，否则我们会收到报错。确保导入../src/firebase 和../src/store/store，如代码清单 12.7 所示。

在 header-prop-test.js 文件的顶部，从 vue-test-utils 库导入 shallow。另外，导入一个名为 createLocalVue 的函数，需要用它来设置 Vuex。接下来，我们将创建一个 localVue 变量并将其指派给 createLocalVue 函数。此函数返回一个 localVue 类。你可以将其视为复印机，用于生成 Vue 的副本。可以使用它来帮助我们测试 Vuex 的设置。

从代码清单 12.7 中可以看到我们再次使用了 shallow 函数，但它看起来与之前创建的单元测试略有不同。shallow 函数可以接收可选的第二个参数。此对象包含组件所需的更多信息。在其中可以使用 propsData 以及 localVue 和 store 来设置属性数据。

要设置属性数据，我们必须给它传值。最简单的方法是添加 cartItemCount。我们将该变量传递给 propsData，并在 Header 组件中设置它。

我们要做的最后一件事是检查 wrapper.vm.cartItemCount 是否与 cartItemCount 变量相匹配。如果它们是相同的，则测试通过。复制代码清单 12.7 中的代码并粘贴到 petstore/test/Header.spec.js 文件中。

代码清单 12.7　测试属性：chapter-12/header-prop-test.js

```
import { shallow, createLocalVue } from '@vue/test-utils';
import Header from '../src/components/Header.vue';        ← 导入 Vuex 到测试
import Vuex from 'vuex';                                      用例中
import '../src/firebase';                                 ← 导入 Firebase 到测试
import { store } from '../src/store/store';               ←   用例中
                                         导入 Vuex 存储到测
const localVue = createLocalVue();        试用例中
localVue.use(Vuex)

describe('Header.vue', () => {
```

```
it('Check prop was sent over correctly to Header', () => {
  const cartItemCount = 10;
  const wrapper = shallow(Header, {
    store, localVue, propsData: { cartItemCount }
  })
  expect(wrapper.vm.cartItemCount).toBe(cartItemCount);
})
});
```

新的包装器常量
接收第二个参数

将属性数据设为
cartItemCount

使用 expect 函数验证 cartItemCount
是否与传入的属性匹配

既然我们已经可以测试属性，现在来看看如何测试文本。

12.6.2   测试文本

有时你想测试文本是否在组件中的某处正确渲染。用什么元素渲染出文本并不重要，只要有元素渲染它们就行。

在编写测试时请记住，每个测试用例应该只测试一件事。在检查文本的测试用例中创建多个断言可能很容易，但通常最好为这样的测试创建多个测试用例。我们将遵循在每个测试用例中创建单个断言的规则。

打开 petstore/test/Header.spec.js 文件并添加一个新的测试用例。在我们的上一个测试用例中，我们验证了 cartItemCount 属性被正确地被传递到 Header 组件中。现在，我们要验证属性中的文本是否在组件的<span>标签中正确显示。

为此，我们将按照之前的方式创建另一个包装器。这次，我们将使用 wrapper.find 函数来查找<span>。然后我们可以使用 text 函数来提取<span>中的文本，也就是 cartItemCount。然后我们使用 toContain 函数来验证内容是否匹配。在最后一次测试后，将代码清单 12.8 中的代码复制到 pet/test/Header.spec.js 中，位于上一个测试的下方，作为另一个测试。

代码清单 12.8   测试文本：chapter-12/header-text-test.js

```
it('Check cartItemCount text is properly displayed', () => {
  const cartItemCount = 10;
  const wrapper = shallow(Header, {
    store, localVue, propsData: { cartItemCount }
  })
  const p = wrapper.find('span');
  expect(p.text()).toContain(cartItemCount)
})
```

用包装器定位
到<span>标签

用断言检查文本是否跟
cartItemCount 匹配

12.6.3   测试 CSS 样式类

在测试 CSS 样式类时，可以使用 classes 方法，它返回附加到元素的类数组。让我们添加一个快速检查器来验证其中一个 div 上的 CSS 样式类是否正确。

在 petstore/test/Header.spec.js 文件中，添加一个新的测试用例。在这个测试用例中，将创建一个新的包装器。这次我们将使用 findAll 函数，它将返回组件中的所有 div。我们可以使用 at(0) 来获取第一个 div。使用此方法，我们可以在 p.classes() 上使用 expect 语句获取附加到第一个 div 的所有类。如果有任何类匹配，toContain 函数将返回 true，参见代码清单 12.9。

如果打开 Header.vue 文件，我们会注意到 navbar 和 navbar-default 都被附加到了第一个 div 上。因为我们正在验证是否包含 navbar 类，所以这个测试能够通过。

代码清单 12.9　测试 CSS 样式类：chapter-12/header-classes-test.js

```
it('Check if navbar class is added to first div', () => {
  const cartItemCount = 10;
  const wrapper = shallow(Header, {
    store, localVue, propsData: { cartItemCount }
  })
  const p = wrapper.findAll('div').at(0);      ← 找到所有 div 并返回第一个 div
  expect(p.classes()).toContain('navbar');     ← 确认附加的类中含有 navbar
})
```

在更进一步之前，在命令提示符下运行 npm test，并验证所有测试都已经通过（见图 12.4）。如果有任何测试失败，仔细检查 expect 语句并且在文件顶部正确导入所需的一切。

所有测试都通过了，让我们继续介绍 Vuex。

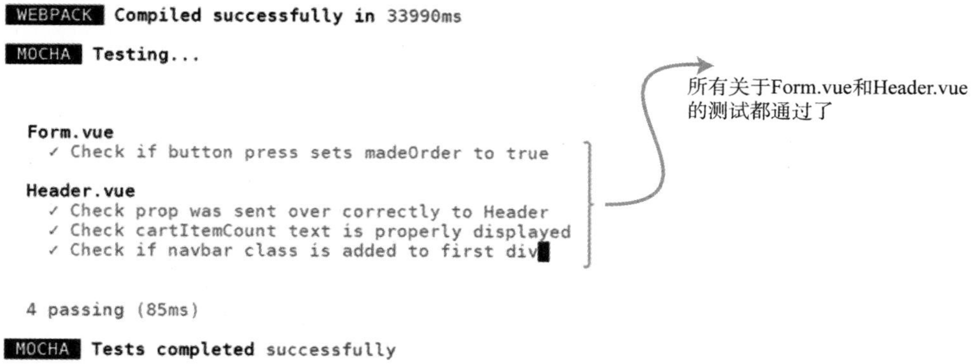

```
WEBPACK  Compiled successfully in 33990ms
MOCHA  Testing...

Form.vue
  ✓ Check if button press sets madeOrder to true

Header.vue
  ✓ Check prop was sent over correctly to Header
  ✓ Check cartItemCount text is properly displayed
  ✓ Check if navbar class is added to first div

4 passing (85ms)

MOCHA  Tests completed successfully
```

所有关于 Form.vue 和 Header.vue 的测试都通过了

图 12.4　所有测试都通过

12.6.4　使用 Vuex 模拟数据进行测试

Vuex 存储是我们可以保存应用程序数据的中心位置。在宠物商店应用程序中，我们使用它来设置会话数据并保存商品信息。使用 Vuex 时，测试存储是明智之举。

注意 Vuex 测试很复杂，并且有许多动态部件。遗憾的是，我们不会在这里全部覆盖到。要了解有关 Vuex 测试的更多信息，请参阅 https://vue-test-utils.vuejs.org/guides/using-with-vuex.html 上的官方 Vuex 测试指南。

对于我们的测试用例，我们将测试 Header 组件，以及当 session 被设置为 true 或 false 时它的表现如何。要验证如果会话数据存在，则会显示 Sign Out 按钮；如果会话数据不存在，则会显示 Sign In 按钮。

在本章前面，我们将 store 直接导入测试文件。这只是一个临时的解决方法，因此可以为 Header 组件创建其他测试用例。这不适用于测试 Vuex 存储。为了测试 Vuex 存储，需要完全模拟存储。这比你想象的要简单得多。

在 petstore/test/Header.spec.js 文件的顶部，你将看到 store 被导入，删除此行。我们将创建存储的 mock。mock 是一个对象，具有与在测试中不能使用的复杂对象相同的结构(类似于 Vuex 存储)，但你可以控制它。在 describe 语句的下面添加一些新变量：store、getters 和 mutations，如代码清单 12.10 所示。然后创建 beforeEach 函数。beforeEach 函数中的代码会在每个测试用例之前运行，这是存放配置代码的好地方。

为了简单起见，我们的存储实现比较简单。我们将有一个返回 false 的 session getter，以及一个返回空对象的 mutation。可以使用 new Vuex.Store 来创建存储(确保 Store 中的 S 是大写字母)。将代码清单 12.10 中的代码复制到 petstore/test/Header.spec.js 文件的顶部。

代码清单 12.10 模拟 Vuex 存储：chapter-12/header-vuex-mock.js

```
describe('Header.vue', () => {          store、getters 和
                                        mutations 变量
  let store;
  let getters;
  let mutations;
  beforeEach(() => {                    在每个测试运行之
                                        前触发
    getters = {
      session: () => false             将 session getter
                                       设置为 false
    }
    mutations = {
      SET_SESSION: () => {}            SET_SESSION mutation
                                       返回一个空对象
    }
    store = new Vuex.Store({          新的存储被创建
      getters,
      mutations
    })
})
```

现在我们已经模拟了 Vuex 存储，可以在测试用例中使用它了。我们预期：如果

session 被设置为 false，组件将显示 Sign In 按钮。如果这不太好理解，请转到 src 文件夹中的 Header.vue 文件，在该文件中你将看到依赖于名为 mySession 计算属性的 v-if 指令。如果 mySession 为 false，则显示 Sign In 按钮；如果为 true，则显示 Sign Out 按钮。将代码清单 12.11 中的代码复制到 petstore/test/Header.js 文件中。

代码清单 12.11　测试 Sign In：chapter-12/header-signin-test.js

```
it('Check if Sign in button text is correct for sign in', () => {
  const cartItemCount = 10;
  const wrapper = shallow(Header, {
    store, localVue, propsData: { cartItemCount }
  })
  expect(wrapper.findAll('button').at(0).text()).toBe("Sign In");
})
```

使用 expect 函数监听按钮文字的变化，验证是否变为 Sign In

相反，如果会话已登录，那么还应检查是否显示 Sign Out 按钮。可以通过多种方法执行此操作，但最简单的方法之一是创建使用新的 getter.session 的存储。当创建包装器时，将添加新的存储，并且 Header 组件是 session 被设置为 true 而不是 false 时的表现。复制代码清单 12.12 中的代码，并作为另一个测试用例添加到 pet-store/test/Header.spec.js 文件中。

代码清单 12.12　测试 Sign Out：chapter-12/header-signout-test.js

```
it('Check if Sign in text is correct for sign out', () => {
  const cartItemCount = 10;
  getters.session = () => true;
  store = new Vuex.Store({ getters, mutations})
  const wrapper = shallow(Header, {
    store, localVue, propsData: { cartItemCount }
  })
  expect(wrapper.findAll('button').at(0).text()).toBe("Sign Out");
})
```

检查按钮文本是否变成 Sign Out

运行测试，它们都会通过。这些就是为运行宠物商店应用程序而编写的测试。作为练习，请为 Form 和 Main 组件添加测试用例。

12.7　配置 Chrome 调试器

在调试测试时，通常使用 console.log 来查看代码执行期间的变量。这种方法很有效，但还有更好的方法。可以使用 Chrome 调试器让我们的工作变得更加轻松。

在测试用例中，可以添加调试语句。可在测试中的任何位置添加 debugger 关键字。

一旦解析调试语句，就将停止代码的执行。仅当你将 node inspector 与 Chrome 浏览器
一起使用时，此方法才有效。node inspector 是 Node.js 8.4.0 或更高版本中内置的工具，
可帮助你使用 Chrome 浏览器进行调试。要使用 node inspector 运行测试，需要运行一
些代码，参见代码清单 12.13。可以从命令行运行它们，也可以添加到 package.json 文
件中 scripts 的下方。

代码清单 12.13　将 node inspect 添加到 package.json 文件中：chapter12/petstore/

package.json

```
...
  "private": true,                                        运行脚本命令以开
  "scripts": {                                            启浏览器检查
...
    "inspect": "node --inspect --inspect-brk node_modules/mochawebpack/
bin/mocha-webpack --webpack-config build/webpack.base.conf.js -
require test/setup.js test/**/*.spec.js"
...
```

在控制台中运行命令 npm run inspect。这样会开启 node inspector。另外，也可以
在终端运行以下命令：

```
$ node --inspect --inspect-brk node_modules/mocha-webpack/bin/mocha-webpack
 --webpack-config build/webpack.base.conf.js --require test/setup.js
   test/**/*.spec.js
```

不管使用哪种方式，配置在 localhost 127.0.0.1 上的新的调试器会启动。你应该会
看到如下输出：

```
Debugger listening on ws://127.0.0.1:9229/71ba3e86-8c3c-410f-a480-
ae3098220b59
For help see https://nodejs.org/en/docs/inspector
```

打开你的 Chrome 浏览器，然后键入如下 URL:chrome://inspect。执行后会打开
Chrome 设备页(见图 12.5)。

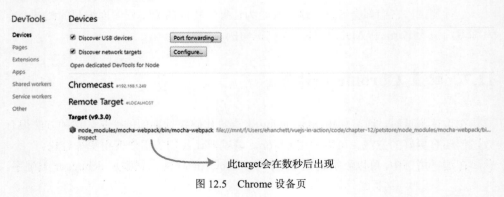

图 12.5　Chrome 设备页

几秒之后，你应该可以看见底部出现了 target 和 inspect 的链接。单击 Inspect 按钮，会打开一个单独的 Inspect 窗口。Inspect 窗口启动时处于暂停状态，单击箭头按钮开始调试(见图 12.6)。

这个箭头按钮会启动暂停的调试器

图 12.6　Inspect 窗口

调试器启动之后，会在刚才加入 debugger 语句的地方停止。从这里我们可以查看 console 窗口并查找变量，如图 12.7 所示。举例来说，如果单击了 wrapper 变量，然后单击__proto__，并再次单击__proto__，就会看见所有的包装器方法。

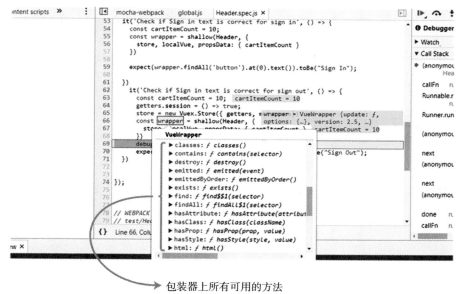

包装器上所有可用的方法

图 12.7　使用 debugger 语句展示所有的包装器方法

当你想彻底弄明白一个测试流程但又不清楚哪些是关键变量时可以使用 Chrome Inspector 窗口。

12.8　练习题

运用本章介绍的知识回答下面的问题：

测试为什么重要？什么工具可以帮助你测试 Vue.js？

请参阅附录 B 中的解决方案。

12.9　本章小结

- 单元测试用来测试最小的功能模块。
- 编写测试用例，这能够让你测试函数及其在应用程序中相应的表现。
- 可以使用 Chrome 浏览器实时调试测试用例。

附录 A

配置开发环境

若没有合适的工具，开发就像探索洞穴时没有手电筒：你能完成，但你会一直处于黑暗中。

A.1 Chrome 开发者工具

在这样的旅程中，我们的"最佳伙伴"将会是 Chrome Developer Tools(Chrome 开发者工具)。如果尚未安装 Chrome 浏览器，请先安装。可以访问 https://www.google.com/chrome/以安装 Chrome 浏览器。通过浏览器菜单栏中的 View | Developer | Developer Tools 菜单可以打开 Chrome Developer Tools，也可以通过右击页面并选择 Inspect 来打开，如图 A.1 所示。

在这个面板中显示的HTML用来标记网页或应用程序

右侧的面板用来呈现选中标签的多方面信息，比如附加的样式和绑定的事件

图 A.1 Chrome 开发者工具的默认视图，其中显示了网页的 HTML 标签以及附加到所选元素的 CSS 样式

调试代码时，经常使用 Chrome Developer Tools 中的 JavaScript 控制台。可以使用 Console(控制台)选项卡切换到它，也可以直接从 View | Developer | JavaScript Console 菜单打开它。

你甚至可以按 Esc 键，通过查看 Chrome 开发者工具中的其他选项卡来调出 JavaScript 控制台，如图 A.2 所示。它允许我们在查看 HTML 的同时用 JavaScript 调试页面。

JavaScript控制台让我们能执行代码，查看JavaScript对象
的表现，并与应用程序中用到的DOM元素交互

图 A.2　JavaScript 控制台让我们能查看并与 HTML 标签以及 Vue 应用程序中的 JavaScript 交互

A.2　Chrome 的 vue-devtools 插件

Vue 核心团队开发了一个 Chrome 插件，名为 vue-devtools，它专为在运行时检查 Vue 应用程序而定制。

你可以访问 http://mng.bz/RpuC，从 Chrome 网上应用程序商店安装 vue-devtools 扩展程序。探索者可以通过复制位于 https://github.com/vuejs/vue-devtools 的 GitHub 代码仓库中的代码来构建插件，甚至做一些改动。

安装后注意事项	注意在安装插件后，Chrome 可能会有点延迟。如果在安装插件后打开 Chrome Developer Tools 面板并且未看到 Vue 选项卡，请尝试在重新启动 Chrome 之前打开新的选项卡或窗口。

安装插件后，需要启用它在本地文件上可用的选项，因为在前几章我们不会使用 Web 服务器。在 Chrome 中，选择 Window | Extensions，然后找到 Vue.js devtools 条目。启用 Allow access to file URLs 选项，这样就设置完成了，如图 A.3 所示。

安装插件后，可以看到应用程序使用的数据，也可从应用程序中隔离特定的组件！它至少允许我们返回并重播以前在应用程序中发生的活动。图 A.4 显示了插件的所有部分。

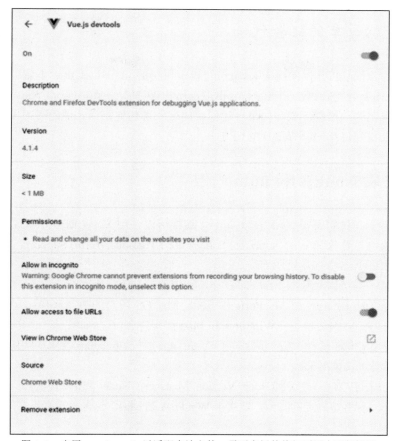

图 A.3　启用 vue-devtools 以适配本地文件，需要在插件偏好页面中更新设置

Component选项卡让你可　　　　　　当使用Vue套件的Vuex库时，Vuex选
以浏览应用程序的结构　　　　　　　项卡让你可以查看数据存储中的内容

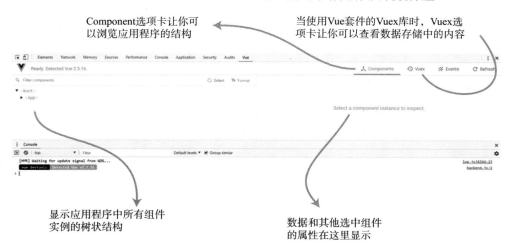

显示应用程序中所有组件　　　　　　数据和其他选中组件
实例的树状结构　　　　　　　　　　的属性在这里显示

图 A.4　vue-devtools 插件让我们能实时探索 Vue 应用程序

A.3   获取每章的配套代码

本书的源代码可从网站 www.manning.com/books/vue-js-in-action 下载。各章的代码可从 GitHub 获得，网址为 https://github.com/ErikCH/VuejsInActionCode。读者也可通过扫描封底的二维码下载。如果有任何疑问或发现任何错误，请随时提出问题！这也是你可以找到每章的所有图片的地方。

A.4   安装 Node.js 和 npm

在本书中，我们需要 Node.js 和 npm，这样可以使用 Vue-CLI 工具并访问数十万个可用的模块。建议你下载 Node 的当前版本或 LTS(Long Term Support，长期支持)版本，其中任意一个都是可用的。

以下是一些可用于获取 Node 的方法，其中包括 npm：

- 使用 Homebrew 或 MacPorts——这是 Mac OS 用户的热门选择。
- 使用一键安装器——Windows 和 Mac 都支持。
- 使用 Linux 软件包管理系统——Yum、apt-get 或 pacman，它们可用于在 Linux 环境中安装 Node。
- 使用 NVM——NVM(Node Version Manager，Node 版本管理器)是一套有助于 Node.js 版本管理的脚本，适用于 Windows 和 Mac。这也是一个不错的选择。

A.4.1   使用一键安装器安装 Node.js

到目前为止，下载 Node.js 的最简单方法之一是使用一键安装器。前往 http://nodejs.org/en/download，选择 Windows 或 Mac 版本(32 位或 64 位)，然后下载适用于 Windows 的.msi 或适用于 Mac 的.pkg，如图 A.5 所示。

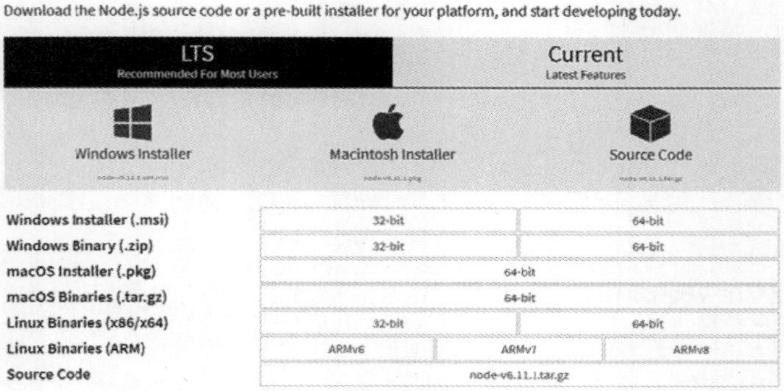

图 A.5   下载 Nod.js

A.4.2　使用 NVM 安装 Node.js

NVM 是另一个很好的选择。NVM 是一套脚本，可帮助管理 Node.js 的多个有效版本。你甚至无须访问该网站即可安装 Node.js。NVM 会将你下载的每个 Node 版本分开。建议初学者使用 NVM，尽管需要了解如何使用命令行。可以从 https://github.com/creationix/nvm 找到 NVM，从 https://github.com/coreybutler/nvm-windows/releases 可以找到 Windows 版本。

要在 Mac 上安装 NVM，请打开命令提示符并运行以下命令：

```
$ curl -o-https://raw.githubusercontent.com/creationix/nvm/v0.33.2/install.sh
| bash
```

这将下载最新版本的 NVM。

要在 Windows 系统上安装 NVM，请单击安装包中的 nvm-setup.zip 文件，解压缩文件并运行 nvm-setup.exe。

安装 NVM 或 NVM for Windows 后，运行如下命令以下载最新版本的 Node.js.

```
$ nvm install node
```

就这么简单！现在，你的系统中已经安装了 Node 和 npm！

A.4.3　使用 Linux 包管理系统安装 Node.js

所有主要的 Linux 发行版都在存储库中提供了 Node.js 包。例如，在 Ubuntu 中可以使用 apt-get：

```
$ sudo apt-get install nodejs
```

在 Fedora 中，可以使用 yum：

```
$ yum install nodejs
```

你需要查看 Linux 发行版，以了解有关如何在系统上安装软件包的更多详细信息。请记住，某些发行版可能具有可供下载的过时版本的 Node.js。在这种情况下，最好使用 NVM 或从官方网站下载 Node.js。

A.4.4　使用 MacPorts 或 Homebrew 安装 Node.js

MacPorts 和 Homebrew 是 Mac 的软件包管理系统。要下载 Node.js，需要先安装 MacPorts 或 Homebrew，可以从 http://brew.sh 和 www.mac-ports.org 分别找到如何安装 Homebrew 和 MacPorts 的最新信息。

在 Mac 上安装其中一个软件包管理器后，可以运行以下命令来安装 Node。Homebrew 版本：

```
$ brew install node
```

MacPorts 版本:

```
$ sudo port install nodejs
```

之后就可以大步向前啦!

A.4.5　验证 Node.js 安装状态

要验证 Node.js 的安装,请运行-v 命令:

```
$ node -v
$ npm -v
```

这些命令将显示已安装的 Node.js 和 npm 的当前版本。在撰写本书时,最新的 LTS 版本是 6.11。

A.5　安装 Vue-CLI

在安装 Vue-CLI 之前,确保至少拥有 Node.js 版本 4.6,版本最好是 6.x,还要具有 npm version 3+并配备 Git。在第 11 章中,使用的是 Nuxt.js。在这种情况下,确保 Node.js 为版本 8.0。Vue-CLI 在这两种情况下都可以正常工作。按照前面的说明安装 Node.js。要安装 Git,请按照 Git 官方网站 http://mng.bz/D7zz 上的说明进行操作。

安装完所有工具后,打开终端并运行以下命令:

```
$ npm install -g vue-cli
```

在 Vue-CLI 中运行命令很简单。输入 vue-cli init template name,然后是项目名,如下所示:

```
$ vue init <template-name> <project-name>
$ vue init webpack my-project
```

这样就可以了。

注意,在编写本书时,Vue-CLI 2.9.2 是最新版本。最新的 Vue-CLI 3.0 版本仍处于测试阶段。有关如何安装和使用 Vue-CLI 3.0 的信息,请按照 http://mng.bz/5t1C 上的官方指南进行操作。

练习题解答

第 2 章

- 在 2.4 节中，我们已为价格创建了一个过滤器。你还能想到其他可能有用的过滤器吗？

Vue.js 中的过滤器通常用于文本的过滤处理。其中一种你想添加的过滤器是把商品标题转换成全大写字母的函数。

第 3 章

- 在本章的前面，我们研究了计算属性和方法，它们之间有什么区别？

当尝试推导数值时，计算属性很有用。只要更新任何基础数据，数值就会自动更新。它也会被缓存以避免在基础值没有改变不需要重新计算时重复计算值，比如在循环中。请注意，方法是绑定到 Vue 实例的函数。它们在明确被调用时计算求值。与计算属性不同，方法接收参数，计算属性则不接收。在任何需要 JavaScript 函数的情况下，方法都很有用。如果不具备强大的用户交互功能，应用程序就是无效的。

第 4 章

- 双向数据绑定如何工作的？什么时候应该在 Vue.js 应用程序中使用双向数据绑定？

简单来说，双向数据绑定在模型产生更新并驱动视图更新时起作用，并且视图中的更新也能触发模型更新。在处理表单和输入时，应在整个应用程序中使用双向数据绑定。

第 5 章

- 什么是 v-for 范围指令,它与普通的 v-for 指令相比有何区别?

v-for 指令基于数组渲染项目列表,通常采用 item in items 的格式,其中 items 是源数组,item 是迭代元素的别名。v-for 也可以采用 item in (number) 的格式。在这种情况下,会重复执行多次代码模板。

第 6 章

- 如何将信息从父组件传递到子组件?使用什么方法可以将信息从子组件传递回父组件?

将信息从父组件传递到子组件的典型方法是使用 props。必须在子组件内明确设置 props。要将信息从子组件传递到父组件,可以使用 $emit(eventName)。

第 7 章

- 说出两种可以在不同路由之间导航的方式。

要在不同路由之间跳转,可以使用两种不同的方式。在模板内部,可以添加 router-link 元素;在 Vue 实例中,可以使用 this.$router.push。

第 8 章

- 动画和转场之间有什么区别?

转场是指从一种状态转移到另一种状态,而动画可以有多种状态。

第 9 章

- 什么是 Mixin?什么时候适合使用它?

Mixin 是一种为组件发布可重用功能的方法。每当发现组件之间有重复的代码时,就应该使用 Mixin。重复代码违反 DRY(Don't Repeat Yourself) 原则,应该用 Mixin 重构。Mixin 将被"混合"到组件自己的 options 对象中。

第 10 章

- Vuex 与 Vue.js 应用程序的一般数据传递相比有哪些优点?

Vuex 使用集中存储来捕获应用的状态。当应用的状态发生变化时,这有助于防止意外的变更发生。优势之一是有助于把应用中的数据放在一处管理,但处理大型 Vue.js 应用比较麻烦。信息传递或依赖事件总线并不是理想模式。Vuex 通过提供集中存储来保存所有信息,从而帮助解决这个问题。

第 11 章

- 在 Nuxt.js 应用程序中，使用 asyncData 与使用中间件相比有什么好处？

asyncData 对象在加载之前就已在页面组件上加载。它可以访问上下文对象，并在服务器端加载。相比使用中间件的好处是，返回结果会与页面上的数据对象合并。这比使用中间件更有利，因为使用中间件时可能需要使用 Vuex 存储来保存数据，以便稍后可以在页面组件内部获取它们。

第 12 章

- 测试为什么重要？什么工具可以帮助你测试 Vue.js？

测试应该是任何组织所编写代码的基础部分。自动化测试更快捷，相比手工测试更不容易出错。虽有很高的前期成本，但在长期运行中会节省时间。Vue.js 提供了许多工具，用于协助测试。其中最重要的一个工具是 vue-test-utils 库，它会帮助我们对 Vue.js 应用程序实施相应的测试。